JN007946

まえがき

　第二次大戦の敗戦後、日本の高度経済成長期を支えたもののひとつに海運がありました。当時、飛行機はまだ極一部の人達が利用するもので、貨物だけではなく、人の行き来も多くは船舶を利用していたものです。このころ、陸上と船舶との通信手段は専門の通信士がモールス信号を用いて行っていたため、電気や通信に興味を持った少年達は船舶の通信士に憧れたものでした。また、高嶺の花の乗り物である航空機にも、地上との無線通信を専門に行う航空通信士が乗り込み、機長・副機長・航空機関士などと共に航空機の運航を支えていたのです。

　そんな時代から何十年もの時が経った21世紀の今日、モールス信号は廃止され、多くの地域で携帯電話が普及し、誰でも、いつでも、どこでも電話網やインターネットにアクセスできる時代になりました。専門の無線通信士はほとんど絶滅してしまい、無線の資格なんて過去の遺物になってしまったようにも思えます。

　しかし、携帯電話や衛星携帯電話、洋上の船舶の上からでもインターネットに接続できる衛星通信システムなどは、高度なデジタル無線通信技術なしに実現することはできません。そして、高度化したデジタル無線通信システムの設計・運用・管理・保守を行うためには、やはり専門的な知識を備えた無線従事者が必要であることに変わりはありません。

　第一級陸上特殊無線技士は、まさにこのような任務にあたるための国家資格です。携帯電話やテレビ局、行政無線、そして気象観測用の雨雲レーダーなど、今の時代に暮らす我々の基盤を支える無線設備を管理する重要な業務を行う資格のため、他の特殊無線技士の試験問題に比べて群を抜いて難易度が高く、合格率も約3割と低い水準です。第一級陸上特殊無線技士を受験される皆様には、本書を十分に活用していただければ、必ず試験合格を勝ち取っていただけるものと確信しています。

　皆様の幸運をお祈り申し上げます。

著者　毛馬内　洋典

本書の使い方

本書は、第一級陸上特殊無線技士試験の合格を目指す方のために、試験で頻出する内容をわかりやすくまとめています。Lesson 毎に、これまでに一陸特で出題された過去問題を掲載していますので、繰返し解いて問題に慣れていきましょう。

※本書は原則として 2022 年 12 月時点の情報に基づいて編集しています。

学習のポイント
各 Lesson で学ぶ項目が一目でわかります。

赤シート
付属の赤シートを利用すれば、穴埋め問題としても活用できます。

ゴロ合わせ
ゴロ合わせで重要事項の暗記がカンタンにできます。

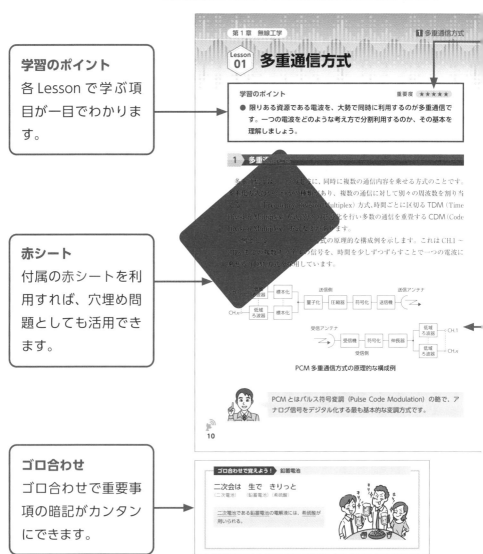

デジタル通信全盛となった現代では、デジタル通信に適した TDM や CDM 方式が多く利用されています。これらの多重方式を用いて、携帯電話や衛星電話など、地理的に分散している複数の端末と同時並行して通信する方式を、TDMA や CDMA、FDMA などと呼んでいます。

Lesson 01 多重通信方式

2　多重通信の主な種類

1　TDMA（Time Division Multiple Access）方式

ある通信路を時間ごとに区切り、別々の通信を時間順に並べて伝送する方式です。一つ一つの通信は「途切れ途切れ」になってしまうため、アナログ通信路にはあまり適用されず、主にデジタル通信に使われます。複数の通信路間のタイミングが重なってしまうと混信してしまうため、時間的な区切りとしてガードタイムを設けています。

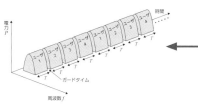

TDMA 方式の概略図

🎯 Point

TDMA
・各通信路に対して使用する時間を割り当てる方式。
・隣接する通信路間の干渉を避けるため、ガードタイムを設ける。
・デジタル通信で使われる。
・通信路を利用する通信装置は、極めて正確なタイミングで同期する必要がある。

11

✔ 頻出項目をチェック！

1 ☐ TDMA は、各通信路に対して使用する時間を割り当てる方式で、隣接する通信路間の干渉を避けるため、ガードタイムを設ける。

2 ☐ FDMA は、各通信路に対して使用する周波数帯域を割り当てる方式で、隣接する通信路間の干渉を避けるため、ガードバンドを設ける。

CONTENTS

第 2 章　法規

第一級陸上特殊無線技士試験ガイダンス

※試験に関する情報は編集時のもので、変更される場合があります。受験される
　方は、必ずご自身で試験団体の発表する最新情報をご確認ください。

第一級陸上特殊無線技士とは

　総務省で定められた無線従事者の資格は、全部で 23 の資格があります。大き
く分けると、総合、海上、航空、陸上及びアマチュアの 5 つの分野に分類されま
すが、第一級陸上特殊無線技士はそのうちの陸上分野の資格のひとつです。操作
範囲は、「固定局、基地局等の陸上の無線局（空中線電力 500W 以下）の多重無
線設備（多重通信を行うことができる無線設備でテレビジョンとして使用するも
のも含む）で 30MHz 以上の電波を使用するものの技術的操作」です。

　具体的には、以下のような無線設備の操作を想定しています。

①テレビの放送中継設備や放送中継車の無線設備
②受信障害対策中継放送局・特定市区町村放送局
③気象観測用レーダー等
④人工衛星を中継して通信を行う基地局
⑤携帯電話、行政無線、鉄道無線、警察無線、消防無線、タクシー無線等の基地
　局等

試験実施

毎年 6 月、10 月、2 月の年 3 回

申込書の受付期間

試験期日の 2 カ月前の 1 日（午前 0 時）～ 20 日（23 時 59 分）までの間
※この間に必要事項すべての入力・登録を完了する必要があります。

試験手数料

6,300 円（試験手数料の他、振込にかかる手数料も負担）

試験地

東京、札幌、仙台、長野、金沢、名古屋、大阪、広島、松山、熊本及び那覇

受験資格

ありません。誰でも受験できます。

試験科目と内容

試験科目	内容
無線工学	①多重無線設備（空中線系を除く）の理論、構造及び機能の概要 ②空中線系等の理論、構造及び機能の概要 ③多重無線設備及び空中線系等のための測定機器の理論、構造及び機能の概要 ④多重無線設備及び空中線系並びに多重無線設備及び空中線系等のための測定機器の保守及び運用の概要
法規	電波法及びこれに基づく命令の概要

合格基準

無線工学　計24問（配点：120点、合格点75点）
法規　　　計12問（配点：60点、合格点40点）

出題形式

マークシート方式で、4肢または5肢の多肢選択式

試験時間

3時間

試験に関する問い合わせ先

公益財団法人　日本無線協会本部
〒104-0053　東京都中央区晴海3-3-3 江間忠ビル
電話　03-3533-6022［試験・免許関係］

公益財団法人日本無線協会ホームページ　https://www.nichimu.or.jp

いちばんわかりやすい！

第一級陸上特殊無線技士　合格テキスト

第1章
無線工学

Lesson 01　多重通信方式

> **学習のポイント**　　　　　　　　　重要度 ★★★★★
>
> ● 限りある資源である電波を、大勢で同時に利用するのが多重通信です。一つの電波をどのような考え方で分割利用するのか、その基本を理解しましょう。

1　多重通信とは

　多重通信とは、一つの電波に、同時に複数の通信内容を乗せる方式のことです。多重化方式はいくつかの種類があり、複数の通信に対して別々の周波数を割り当てる FDM（Frequency Division Multiplex）方式、時間ごとに区切る TDM（Time Division Multiplex）方式、別々の符号化を行い多数の通信を重畳する CDM（Code Division Multiplex）方式などがあります。

　一例として PCM 多重通信方式の原理的な構成例を示します。これは CH.1 〜 CH.n までの複数チャネルの信号を、時間を少しずつずらすことで一つの電波に乗せる TDM 方式を採用しています。

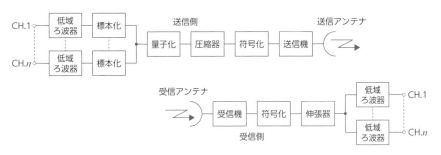

PCM 多重通信方式の原理的な構成例

　PCM とはパルス符号変調（Pulse Code Modulation）の略で、アナログ信号をデジタル化する最も基本的な変調方式です。

　デジタル通信全盛となった現代では、デジタル通信に適した TDM や CDM 方式が多く利用されています。これらの多重方式を用いて、携帯電話や衛星電話など、地理的に分散している複数の端末と同時並行して通信する方式を、TDMA や CDMA、FDMA などと呼んでいます。

2 多重通信の主な種類

1 TDMA（Time Division Multiple Access）方式

　ある通信路を時間ごとに区切り、別々の通信を時間順に並べて伝送する方式です。一つ一つの通信は「途切れ途切れ」になってしまうため、アナログ通信路にはあまり適用されず、主にデジタル通信に使われます。複数の通信路間のタイミングが重なってしまうと混信してしまうため、時間的な区切りとしてガードタイムを設けています。

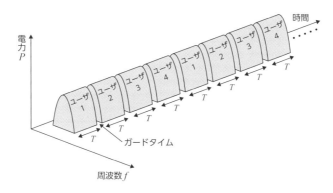

TDMA 方式の概略図

 Point

TDMA
・各通信路に対して使用する時間を割り当てる方式。
・隣接する通信路間の干渉を避けるため、ガードタイムを設ける。
・デジタル通信で使われる。
・通信路を利用する通信装置は、極めて正確なタイミングで同期する必要がある。

2 FDMA（Frequency Division Multiple Access）方式

　ある一定の周波数帯域を細かく区切り、別々の通信を細かく区切られた周波数帯域に割り当てるものです。例えば、800 ～ 810 MHz の帯域幅を、800 ～ 801 MHz、801 ～ 802 MHz、……、809 ～ 810 MHz と 10 の帯域に分割することで、同時に 10 本の通信路を確保することができます。ある帯域の通信が、隣の周波数帯域にはみ出すと混信妨害を与えてしまうため、隣の帯域との間にはガードバンドと呼ばれる空き周波数を挟みます。

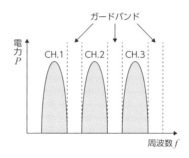

FDMA 方式の概略図

 ラジオやテレビ放送は、一定の放送周波数帯域の中を、局によって周波数を変えて送信していますから、FDMA 方式と考えることができます。

FDMA
・各通信路に対して使用する周波数帯域を割り当てる方式。
・隣接する通信路間の干渉を避けるため、ガードバンドを設ける。
・アナログ通信・デジタル通信ともに適用可能。
・多重化する通信路の数が多くなると、広い周波数帯域が必要となってしまう。

3　SCPC（Single Channel Per Carrier）方式

　ある周波数帯域幅に複数の搬送波信号を用意し、その搬送波信号ごとに一つの
デジタル信号を割り当てる使いかたを意味します。FDMA 方式をデジタル信号
に応用して多重化する際の方式の一つです。

SCPC

・SCPC 方式は、一つのチャネルを一つの搬送周波数に割り当てる方式。

4　CDMA（Code Division Multiple Access）方式

　デジタル通信にのみ適用できる方式で、現在幅広く利用されています。各々の
通信ごとに、個別の擬似雑音符号（Pseudo Noise 符号、略して PN 符号）で
符号化を行い、多くの通信を重畳させて送るものです。電波の上では混信してい
るわけですが、受信側では送信に用いたものと同じ PN 符号を掛けることで単一
の通信だけを抜き取ることができるため、多数の通信を同時に伝送することがで
きます。

　符号化する際、元々の情報は広い周波数帯域に拡散され、受信時に逆拡散され
ます。そのため、通信路の途中で狭帯域の雑音が紛れ込んだとしても、受信時に
圧縮されることで影響を小さくできるという利点を持ち合わせています。また、
PN 符号を秘匿することで、容易に解読することが不可能となり、秘匿性に優れ
るなど多くの利点があります。

　CDMA 方式の性質として、基地局から遠い子局からの電波は弱く、近い子局
からの電波は強く受信されるという遠近問題があります。この状態では、遠方の
子局からの信号が受信できなくなってしまうため、基地局側から子局側の送信電
力を制御し、基地局において各子局からの信号強度が同一になるように制御して
います。

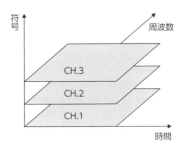

CDMA 方式の概略図

CDMA

・各通信路を個別の拡散符号によって周波数拡散（スペクトル拡散）し、受信側で逆拡散する。

・フェージングや混信、雑音などの影響が小さい。

・秘匿性が高い。

 頻出項目をチェック！

1 ☐ TDMA は、各通信路に対して使用する<u>時間</u>を割り当てる方式で、隣接する通信路間の干渉を避けるため、<u>ガードタイム</u>を設ける。

2 ☐ FDMA は、各通信路に対して使用する<u>周波数帯域</u>を割り当てる方式で、隣接する通信路間の干渉を避けるため、<u>ガードバンド</u>を設ける。

3 ☐ CDMA は、<u>秘匿性</u>が高く、各通信路を個別の拡散符号により<u>スペクトル拡散</u>し、<u>受信側</u>で逆拡散する。

練習問題

問1 直接拡散を用いた CDM 伝送方式　　　令和4年2月期 「無線工学　午後」問2

次の記述は、直接拡散（DS）を用いた符号分割多重（CDM）伝送方式の一般的な特徴について述べたものである。□□内に入れるべき字句の正しい組合せを下の番号から選べ。

(1) CDM 伝送方式は、送信側で用いた擬似雑音符号と　A　符号でしか復調できないため秘話性が高い。

(2) 拡散後の信号（チャネル）の周波数帯域幅は、拡散前の信号の周波数帯域幅よりはるかに　B　。

(3) この伝送方式は、受信時に混入した狭帯域の妨害波は受信側で拡散されるので、狭帯域の妨害波に　C　。

	A	B	C
1	同じ	広い	強い
2	同じ	狭い	弱い
3	異なる	広い	弱い
4	異なる	狭い	強い

解答　1

符号分割多重方式は、送信側で用いた擬似雑音信号と同じ符号でしか復調できないため、秘話性が高いという特徴のほか、周波数拡散・圧縮を行うため、狭帯域の妨害信号に強いという利点もあります。

CDM 方式はイメージしづらいかもしれませんが、擬似雑音符号を日本語や英語、ロシア語などの異なる言語で例えます。多くの人が色々な言語でしゃべっている外国の雑踏の中でも、日本人には日本語でしゃべる人を聞き分けることができます。これと同じ原理で、個々の通信を別々の言語で符号化し、受信側はその言語だけを聞き取れる人が聞き取ることにより、多くの通信が輻輳している中でも個別の通信を行うことができるわけです。

次の記述は、多重通信方式について述べたものである。□□□内に入れるべき字句の正しい組合せを下の番号から選べ。なお、同じ記号の□□□内には、同じ字句が入るものとする。

(1) 各チャネルが伝送路を占有する時間を少しずつずらして、順次伝送する方式を　A　通信方式という。この方式では、一般に送信側と受信側の　B　のため、送信信号パルス列に　B　パルスが加えられる。

(2) PCM方式による多重の中継回線等では、電話の音声信号1チャネル当たりの基本の伝送速度が64〔kbps〕のとき、　C　チャネルで基本の伝送速度が約1.54〔Mbps〕になる。

	A	B	C
1	TDM	同期	24
2	TDM	変換	12
3	CDM	変換	24
4	FDM	同期	24
5	FDM	変換	12

解答　1

一本の伝送路を、各チャネルが時間をずらして使用する方法はTDMです。TDM方式では、送信側と受信側でタイミングが正確に一致しないと隣接通信と混信を起こしてしまうため、正確なタイミングの同期信号を挿入して一緒に伝送します。

伝送速度が1.54Mbpsで、1チャネル当たりの伝送速度が64kbpsということは、$1540 \div 64 \fallingdotseq 24$ となることから、24チャネルを多重化していることが分かります。

多重通信方式

問3 衛星通信の TDMA 方式　　　　　令和 3 年 2 月期 「無線工学 午後」問 13

衛星通信の時分割多元接続（TDMA）方式についての記述として、正しいものを下の番号から選べ。

　1　隣接する通信路間の干渉を避けるため、ガードバンドを設けて多重通信を行う方式である。

　2　中継局において、受信波をいったん復調してパルスを整形し、同期を取り直して再び変調して送信する方式である。

　3　呼があったときに周波数が割り当てられ、一つのチャネルごとに一つの周波数を使用して多重通信を行う方式である。

　4　多数の局が同一の搬送周波数で一つの中継装置を用い、時間軸上で各局が送信すべき時間を分割して使用する方式である。

解答　4

選択肢 1 は、FDMA についての説明です。選択肢 2 は、再生中継方式の説明です。選択肢 3 は、デマンドアサインメントの説明です。

デマンドは要求、アサインメントは割り当てという意味です。

問4 CDMA　　　　　令和 2 年 10 月期 「無線工学 午後」問 9

次の記述は、直接スペクトル拡散方式を用いた符号分割多元接続（CDMA）について述べたものである。このうち正しいものを下の番号から選べ。

　1　拡散後の信号（チャネル）の周波数帯域幅は、拡散前の信号の周波数帯域幅よりはるかに狭い。

　2　同一周波数帯域幅内に複数の信号（チャネル）は混在できない。

　3　傍受され易く秘話性が悪い。

　4　遠近問題の解決策として、送信電力制御という方法がある。

解答 4

遠近問題は、基地局に近い子局の強力な信号が、遠方に位置する子局の信号を覆い隠してしまうという問題です。これに対処するため、基地局側から子局側の送信電力を制御し、遠方の子局も近隣の子局も、ほぼ同じ強さで受信できるようにしています。

問5 衛星通信の接続方式等　　　　　　平成 27 年 10 月期　「無線工学　午後」問 1

次の記述は、衛星通信の接続方式等について述べたものである。このうち正しいものを下の番号から選べ。

1　プリアサイメント（Pre-assignment）は、通信の呼が発生する度に衛星回線を設定する。
2　SCPC 方式では、複数のチャネルを一つの搬送周波数に割り当てている。
3　TDMA 方式は、各地球局に対して使用する周波数帯域を割り当てる方式である。
4　FDMA 方式は、各地球局に対して使用する時間を割り当てる方式である。
5　TDMA 方式では、各地球局からの信号が、衛星上で互いに重なり合わないように、ガードタイムを設けている。

解答 5

1 の通信の呼が発生する度に回線を設定するのは、デマンドアサインメントです。2 の SCPC 方式は、一つのチャネルを一つの搬送周波数に割り当てます。3 の TDMA 方式は、各地球局に対して使用する時間を割り当てます。4 の FDMA 方式は、各地球局に対して使用する周波数帯域を割り当てます。

A/D 変換・D/A 変換

Lesson 02

学習のポイント　　　　　　　　　重要度 ★★★★★

● デジタル通信全盛の現代、アナログ信号である音声情報などはデジタル化されて伝送され、受信側でアナログに戻します。このデジタル化・アナログ化の基本原理は頻出項目です。

1 ▶ A/D 変換

　A/D 変換というのは、アナログ情報をデジタル情報に変換する一連の操作のことを指します。

　人間の身の回りに存在するものは基本的にアナログ情報で、これは、時間的に連続した値のことです。アナログ情報を数値で表すとデジタル情報になります。デジタルの語源であるデジットは数値のことを意味します。例えば身長 170cm といっても、ふつうは 170cm ぴったりではありません。しかし、どんなに精度よく測っても、数字を使う限り絶対に"本当の身長"を表すことはできません。

　つまり、数字を使用した時点で真の値ではないのです。もっとも、人間の感覚として 1mm 程度より細かい差なんて認識できませんから、1mm 単位まで測れば実用上十分ということなのです。

　アナログ信号をデジタル化するためには、標本化・量子化・符号化という 3 つの段階を経ることになります。

1 標本化（サンプリング）

　標本化は、時間的に連続しているアナログ信号を、一定のタイミングごとに切り出す作業です。本来は時間的に連続しているのがアナログ信号ですから、標本化した段階で大幅に情報量が減少します。ゆっくりとしたタイミングで標本化すると、入力信号の急激な変化を見逃してしまいます。このとき、極めて重要な定理として標本化定理（サンプリング定理）が存在します。

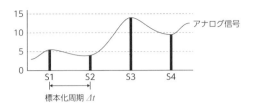

標本化

標本化定理

アナログ信号に含まれる情報を欠落なく標本化するためには、アナログ信号に含まれる最高周波数の 2 倍以上の周波数間隔で標本化する必要がある。サンプリング間隔の時間でいえば、アナログ信号に含まれる最高周波数を f とすると、

$$T = \frac{1}{2f}$$

より短い時間間隔で標本化しなくてはならない。

標本化定理は極めて重要な定理ですから、必ず覚えなければなりません。

2　量子化

　標本化によって取り出されたアナログ信号に対して、今度は振幅方向に数値化するのが量子化です。例えば、最大電圧が ± 1V の入力信号に対して、0.01V 刻みに 200 分割して数値化します。アナログ信号の"真の値"と量子化された値の間の差は量子化誤差と呼ばれ、これが大きいと雑音となってしまいますが、十分に細かく量子化すれば事実上ほとんど問題がなくなります。コンピュータは情報を二進数で取り扱う関係上、$2^8 = 256$ 段階刻みの量子化が広く採用されます。量子化には、直線（線形）量子化と非直線（非線形）量子化が存在します。

1）直線（線形）量子化

　入力電圧を、完全に等間隔で量子化する方式です。最大電圧が ± 1V の入力信号に対して、0.01V 刻みに 200 分割したとすれば、入力信号レベルがどの値

であっても最大 0.01V の量子化誤差（量子化雑音）が発生します。

Lesson
02

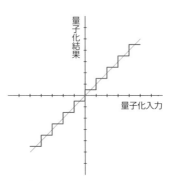

A
／
D
変
換
・
D
／
A
変
換

2）非直線（非線形）量子化

入力電圧が低い領域は密に、高い領域は疎に量子化する方式です。音声信号などは、最大振幅電圧にまで至ることは稀で、多くは小さい電圧であるため、これにより、聴覚上の劣化をほとんど感じることなく、効率的に量子化することができます。

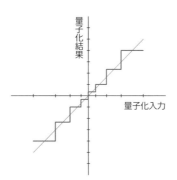

3　符号化

標本化・量子化された信号に対して、例えば 0 〜 255 までの数値を割り当てるなどを行いデジタル伝送路上の信号にすることを符号化と呼んでいます。量子化された値を基本的にそのまま数値データとして伝送する PCM 方式のほか、情報圧縮を行い効率的な符号に変換して伝送することが広く実用化されています。

4　冗長化

　符号化したデジタル信号を伝送することで音声などの情報を遠隔地に伝達することができますが、その途中では必ず信号の劣化や雑音の混入などが起こり、場合によっては元の情報を復元できなくなることがあります。そのような事態に備えて、あらかじめ冗長化符号を添付することにより、雑音などで信号の一部が欠落したとしても受信側で復元できるような工夫が行われています。

2 　D/A 変換

　D/A 変換は、A/D 変換の逆の操作で、送られてきた符号から元のアナログ信号を再生するものです。符号化されて伝送されてきたデジタル情報を D/A 変換器に入力し、元のアナログ信号を復調します。復調されたアナログ信号は、雑音を取り除いて平均化するために LPF を通過した後、出力信号となります。

頻出項目をチェック！

1 □　標本化定理において、アナログ信号を標本化して忠実に再現することを原理的に可能にするには、元のアナログ信号に含まれる最高周波数の <u>2 倍以上</u>の標本化周波数が必要である。

2 □　量子化は、標本化によって取り出されたアナログ信号を、振幅方向に数値化するもので、入力信号が小さいときは信号に対して量子化雑音が相対的に<u>大きく</u>なる。

3 □　符号化は、標本化・量子化された信号に対し、パルス列の 1 パルスごとにその振幅値を <u>2 進符号に変換</u>してデジタル伝送路上の信号にするものである。

問1 標本化定理　　　　　　　　　令和4年6月期 「無線工学　午前」問2

標本化定理において、周波数帯域が 300〔Hz〕から 6〔kHz〕までのアナログ信号を標本化して、忠実に再現することが原理的に可能な標本化周波数の下限の値として、正しいものを下の番号から選べ。

1　1.5〔kHz〕
2　3〔kHz〕
3　6〔kHz〕
4　12〔kHz〕
5　24〔kHz〕

解答　4

サンプリング定理は、「元のアナログ信号に含まれる最高周波数の 2 倍以上の標本化周波数が必要」ということですから、6kHz の 2 倍の 12〔kHz〕が正解です。

問2 標本化定理　　　　　　　　　令和4年6月期 「無線工学　午後」問2

標本化定理において、音声信号を標本化するとき、忠実に再現することが原理的に可能な音声信号の最高周波数として、正しいものを下の番号から選べ。ただし、標本化周波数を 16〔kHz〕とする。

1　2〔kHz〕
2　4〔kHz〕
3　8〔kHz〕
4　16〔kHz〕
5　32〔kHz〕

解答　3

問 1 と同じ内容を逆から問うた問題です。

次の記述は、PCM 通信方式における量子化などについて述べたものである。
□□□内に入れるべき字句の正しい組合せを下の番号から選べ。

(1) 直線量子化では、どの信号レベルに対しても同じステップ幅で量子
化される。このとき、量子化雑音電力 N は、信号電力 S の大小に
関係なく一定である。

　　したがって、入力信号電力が ☐ A ☐ ときは、信号に対して量子化
雑音が相対的に大きくなる。

(2) 信号の大きさにかかわらず S/N をできるだけ一定にするため、送
信側において ☐ B ☐ を用い、受信側において ☐ C ☐ を用いる方法
がある。

	A	B	C
1	小さい	圧縮器	伸張器
2	小さい	伸張器	識別器
3	大きい	乗算器	圧縮器
4	大きい	圧縮器	識別器
5	大きい	乗算器	伸張器

解答 1

量子化は、信号の振幅を何段階かに刻んで数値化するものですが、入力信号が小
さい場合、相対的に振幅の刻みが大きくなることから雑音が大きくなります。こ
の対策として、送信側で圧縮、受信側で伸張する方式が用いられています。

問4 PCMにおける標本化

Lesson 02

A／D変換・D／A変換

一般的なパルス符号変調（PCM）における標本化についての記述として、正しいものを下の番号から選べ。

1　音声などの連続したアナログ信号の振幅を一定の時間間隔で抽出し、それぞれの振幅を持つパルス列とする。

2　量子化されたパルス列の1パルスごとにその振幅値を2進符号に変換する。

3　アナログ信号から抽出したそれぞれのパルス振幅を、何段階かの定まったレベルの振幅に変換する。

4　一定数のパルス列にいくつかの余分なパルスを付加して、伝送時のビット誤り制御信号にする。

5　受信したPCMパルス列から情報を読み出し、アナログ値に変換する。

解答　1

選択肢2は、符号化の説明です。選択肢3は、量子化の説明です。選択肢4は、冗長化の説明です。選択肢5は、D/A変換の説明です。

> 一陸特の有資格者が取り扱う無線通信は、事実上ほぼ全てデジタル化された情報です。したがって、A/D変換とD/A変換の基本的な知識は非常に重要な内容となっているため、国家試験においても頻出問題となっています。覚えることは多くないですから、確実に正解できるように良く復習しておきましょう。

Lesson 03 OFDM 方式

学習のポイント 重要度 ★★★★★

● 高速デジタル無線通信が求められる現代、変調方式として OFDM が
多用されています。理論そのものは難解ですが、一陸特では比較的容
易な定番の問題しか出題されません。

デジタル携帯電話が普及するにつれ、高速・大容量の通信回線が強く求められ
るようになり、限りある帯域幅の中に、いかにして多くの通信を収容するか、と
いう課題が突き付けられました。その結果、CDM 方式による多重伝送のほか、
OFDM 方式による帯域の有効活用が実用化されて現在に至ります。

1 OFDM 方式の原理

OFDM は、Orthogonal Frequency Division Multiplexing の略で、直交周波数
分割多重方式と訳されます。これは、三角関数の sin と cos の直交性を利用し、
互いに半分ずつ周波数帯域が重なって（混信して）いても、受信側の信号処理で
隣接周波数成分は完全に排除できることを利用しています。

下図において、うすいグレーに塗られた部分が一つの通信帯域を表しています。
これをサブキャリアと呼びます。$2\Delta f$ の間隔をおいてサブキャリアが並んでいれ
ば互いに混信はしませんが、その中間にサブキャリアを挿入します（赤く塗られ
た部分）。当然、隣の帯域と混信（斜線の部分）する
のですが、うすく塗られたサブキャリアと赤色のサブ
キャリアとを互いに直交な関係にすることによって、
受信側では混信することなく両方とも取得することが
できます。この技術によって、周波数帯域の利用効率
を飛躍的に高めることができます。

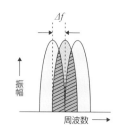

OFDM 方式の概略図

OFDM は、無線 LAN やデジタルテレビ、携帯電話など幅広く利用されています。

2 OFDM 方式の特徴

　OFDM の理論計算は難しいですが、一陸特の国家試験では、その概要について正誤を問う形の問題が頻繁に出題されています。以下に特徴をまとめます。

OFDM の特徴

- 高速のビット列（デジタル通信データ）を多数のサブキャリアで分割して伝送している。
- サブキャリアの周波数間隔 Δf は、有効シンボル期間長の逆数となる。
- 多数のサブキャリアを複数のユーザーが同時利用できるため、デジタルパケット通信と相性が良い。
- 建物反射波等による遅延波の干渉を避けるため、ガードインターバルが付加されている。
- シングルキャリア（単一搬送波）を用いた従来のデジタル変調方式に比べると、伝送速度はそのままでシンボル期間長を長くできる。したがって遅延波や雑音等の妨害に強くなる。

頻出項目をチェック！

1 □　シングルキャリアを用いた従来の方式に比べ、シンボル期間長を長くできるため雑音や妨害に強い。

2 □　サブキャリアの周波数間隔は、有効シンボル期間長の逆数となる。

3 □　遅延波の干渉を避けるため、ガードインターバルが付与される。

問1 OFDM 伝送方式

令和3年6月期 「無線工学 午後」問2

次の記述は、直交周波数分割多重（OFDM）伝送方式について述べたものである。このうち誤っているものを下の番号から選べ。

1 OFDM 伝送方式では、高速の伝送データを複数の低速なデータ列に分割し、複数のサブキャリアを用いて並列伝送を行う。

2 ガードインターバルを挿入することにより、マルチパスの遅延時間がガードインターバル長の範囲内であれば、遅延波の干渉を効率よく回避できる。

3 各サブキャリアの直交性を厳密に保つ必要はない。また、正確に同期をとる必要がない。

4 一般的に3.9世代移動通信システムと呼ばれる携帯電話の通信規格であるLTEの下り回線などで利用されている。

解答 3

各サブキャリアの直交性を厳密に保たないと、受信時に隣接サブキャリアを排除することができずエラーの原因になります。また、正確に同期を取らないと正しく受信復調することができません。

問2 OFDM 伝送方式

令和3年10月期 「無線工学 午後」問8

次の記述は、直交周波数分割多重（OFDM）伝送方式について述べたものである。このうち誤っているものを下の番号から選べ。ただし、OFDM 伝送方式で用いる多数のキャリアをサブキャリアという。

1 高速のビット列を多数のサブキャリアを用いて周波数軸上で分割して伝送する方式である。

2 図に示すサブキャリアの周波数間隔 Δf は、有効シンボル期間長（変調シンボル長）Ts の逆数と等しく（$\Delta f = 1/Ts$）なっている。

3 ガードインターバルは、遅延波によって生じる符号間干渉を軽減す

Lesson
03

るために付加される。

4　OFDM 伝送方式を用いると、シングルキャリアをデジタル変調した
　　場合に比べて伝送速度はそのままでシンボル期間長を短くできる。

5　ガードインターバルは、送信側で付加される。

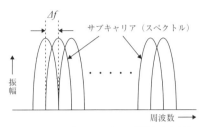

Δf

サブキャリア（スペクトル）

振幅

周波数

サブキャリア間のスペクトルの関係を示す略図

解答　4

シンボル期間長が短いと、雑音や妨害に対して弱くなってしまいます。OFDM は、
単一キャリアを利用する従来の方式に比べ、シンボル期間長を長くすることがで
き、通信品質を改善することができるという特徴を持ちます。

問3 ビットレート最大値　　　　　令和4年6月期　「無線工学　午後」問 12

直交周波数分割多重（OFDM）伝送方式において原理的に伝送可能な情報の伝
送速度（ビットレート）の最大値として、最も近いものを下の番号から選べ。た
だし、情報を伝送するサブキャリアの変調方式を 64QAM、サブキャリアの個数
を 40 個及びシンボル期間長を 5〔μs〕とする。また、ガードインターバル、情
報の誤り訂正などの冗長な信号は付加されていないものとする。

1　16〔Mbps〕

2　24〔Mbps〕

3　48〔Mbps〕

4　128〔Mbps〕

5　512〔Mbps〕

解答　3

64QAM ということは、1 回の変調で 6 ビット（$2^6 = 64$）伝送できることを意味

します。また、サブキャリアが 40 個ということは、一度に $6 \times 40 = 240$ ビット伝送できることが分かります。シンボル期間長が 5 〔μs〕ということは、1 秒間に $\dfrac{1}{5 \times 10^{-6}} = 0.2 \times 10^{6} = 2 \times 10^{5}$ 回の変調が行われるということから、伝送速度は $240 \times 2 \times 10^{5} = 48 \times 10^{6}$ 〔bps〕 = 48 〔Mbps〕 と求まります。

問4 サブキャリア周波数間隔　　　　　　　　平成 31 年 2 月期 「無線工学　午後」問 12

直交周波数分割多重（OFDM）において、有効シンボル期間長（変調シンボル長）が 50 〔μs〕のとき、図に示すサブキャリアの周波数間隔 Δf の値として、正しいものを下の番号から選べ。

1　5 〔kHz〕
2　10 〔kHz〕
3　15 〔kHz〕
4　20 〔kHz〕
5　30 〔kHz〕

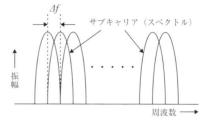

サブキャリア間のスペクトルの関係を示す略図

解答　4

サブキャリアの周波数間隔 Δf は、有効シンボル期間長の**逆数**です。したがって、

$$\Delta f = \frac{1}{50 \times 10^{-6}} = 20 \times 10^{3} \text{〔Hz〕} = 20 \text{〔kHz〕 と計算されます。}$$

〔μs〕を〔s〕に変換

Lesson 01　電磁波の性質

学習のポイント　　　　　　　重要度 ★★★ ☆ ☆

● 電磁波（電波）は、空中を伝搬する交流の電気です。人間が光として
感知しているのも電磁波です。電磁波の基本的な性質は絶対に知って
おかねばなりません。

1　電磁波とは

　電磁波は、空間を伝搬する電気エネルギーで、電界と磁界が互いに直交して振
動し、そのどちらとも直交した方向に伝搬することが分かっています。

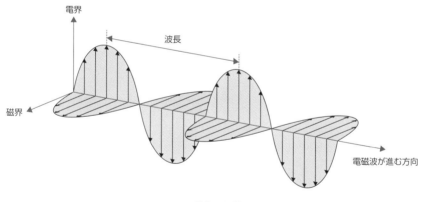

電磁波の伝搬

　電磁波は人間の目には見えませんが、波長 380 〜 780nm、周波数でいえば約
380 〜 790THz 付近の電波は、可視光線として人間の目で感じることができます。

> 人間の目は、実は電波を感知する
> アンテナなのです。

電磁波の速度は30万km/秒で、これは地球7周半の距離に相当します。人間の感覚としては、目にも止まらない超高速のように思えてしまいますが、情報通信の世界では実は決して速い速度ではありません。

2 周波数・波長・速度の関係

電波の性質を表す尺度として、周波数と波長を良く利用します。これらの関係は次のとおりです。

- 周波数…1秒間に電界または磁界の変動が何回繰り返されるか。記号はf。単位はヘルツ〔Hz〕。
- 波長……電界または磁界が1回変動する間にどれだけ進むか。記号はλ。単位はメートル〔m〕。
- 速度……1秒間にどれだけの距離を進むか。記号はvまたはc。真空中では3×10^8〔m/s〕。

これらの間には、次のような関係式が成立します。

公式 >>>

$$f = \frac{c}{\lambda} \qquad \lambda = \frac{c}{f} \qquad c = f\lambda$$

f：周波数〔Hz〕　　λ：波長〔m〕　　c：電波の速度〔m/s〕

電磁波の周波数が与えられたときは波長を、波長を与えられたときは周波数を求めることができるようにしておく必要があります。また、一般的にアンテナの大きさは波長に比例します。

10 GHz を超えると波長が数cm～数mm単位になりますが、この長さは雨粒や雪粒の大きさに近いため、伝搬途中に雨や雪が存在すると、それらに吸収されてしまい大きく減衰してしまうという性質を持っています。通信に用いる周波数の決定にはそれらの要素も考慮する必要があります。

ここも覚えるプラスアルファ

誘電率 ε と透磁率 μ、伝搬速度 v の関係式

自由空間中を伝搬する電磁波の性質に関して、誘電率 ε と透磁率 μ、そして伝搬速度 v の関係を表す式を問う問題が出題されることがあります。誘電率は、電荷によって発生する分極の発生度合い、透磁率は磁界の通りやすさの値ですが、この物理的な意味を覚える必要はありません。覚えられれば好ましい公式は、次の 2 つです。

$$電磁波の速度：v = \frac{1}{\sqrt{\varepsilon \cdot \mu}}$$

$$自由空間の固有インピーダンス：Z = \frac{E（電界）}{H（磁界）}$$

Lesson 01

電磁波の性質

3 周波数帯域の名称

電波は、その周波数によって大きく性質が異なります。したがって、波長を基準にして 10 倍ごとに次のような名称がつけられています。

周波数帯域の名称

30kHz 〜 300kHz…長波（LF：Low Frequency）
300kHz 〜 3MHz…中波（MF：Midium Frequency）
3MHz 〜 30MHz…短波（HF：High Frequency）
30MHz 〜 300MHz…超短波（VHF：Very High Frequency）
300MHz 〜 3GHz…極超短波（UHF：Ultra High Frequency）
3GHz 〜 30GHz…センチメートル波（SHF：Super High Frequency）

一般に、UHF 帯以上の周波数をマイクロ波と呼びます。一陸特の有資格者が主に取り扱う周波数帯域もマイクロ波ですから、この周波数帯の特徴は確実に理解しておく必要があります。

4 周波数と伝送容量

　電波に情報を乗せる場合、**高い周波数の電波ほど一度に大量の情報を乗せる**ことができます。したがって、中波帯の電波は、情報量が少ないラジオ放送などに使用される一方、携帯電話の**高速大容量通信**は、当初の 800MHz 帯から 2GHz 以上の周波数に移行しています。人工衛星を介した通信は、さらに高い 10GHz 程度の周波数を利用しているものもあります。

VHF ～ SHF 帯の特徴

・一般に、電波は周波数が高くなるほど広帯域の情報伝送が可能となる。

・VHF 帯は、帯域はあまり取れないものの装置・アンテナ共に製作しやすく、固定・移動を問わず多種多様な用途に幅広く利用されている。

・UHF 帯は、**帯域が広く取れる**ためデジタル通信に適し、地上デジタルテレビや携帯電話など固定・移動ともに極めて幅広く利用されている。

・SHF 帯は非常に帯域が広く取れる反面、移動通信には利用しにくい面もあるため、主に固定地点間や**通信衛星の大容量デジタル通信路**として利用されている。

・SHF 帯は、周波数が高くなるほど雨や雪による減衰が大きくなる。

頻出項目をチェック！

1□ 周波数 f〔Hz〕と波長 λ〔m〕、電波の速度 c〔m/s〕の間の関係式は、

$$f = \frac{c}{\lambda}、\lambda = \frac{c}{f}、c = f\lambda \text{である。}$$

練 習 問 題

問1 SHF帯通信回線等の特徴　　令和3年6月期「無線工学 午前」問1

次の記述は、マイクロ波（SHF）帯を利用する通信回線又は装置の一般的な特徴について述べたものである。□内に入れるべき字句の正しい組合せを下の番号から選べ。

(1) 周波数が高くなるほど、　A　が大きくなり、大容量の通信回線を安定に維持することが難しくなる。

(2) 低い周波数帯よりも使用する周波数帯域幅が　B　とれるため、多重回線の多重度を大きくすることができる。

(3) 周波数が　C　なるほど、アンテナが小型になり、また、大きなアンテナ利得を得ることが容易である。

	A	B	C
1	フレネルゾーン	広く	低く
2	フレネルゾーン	狭く	高く
3	雨による減衰	狭く	低く
4	雨による減衰	広く	高く

解答　4

周波数が高くなりすぎると、雨などによる減衰が大きくなり、回線の安定度が下がります。また、周波数が高いほどアンテナを小型化することができるため、高

利得のアンテナを製作することができます。

次の記述は、自由空間における電波（平面波）の伝搬について述べたものである。
□□□内に入れるべき字句の正しい組合せを下の番号から選べ。ただし、電波の
伝搬速度を v〔m/s〕、自由空間の誘電率を ε_0〔F/m〕、透磁率を μ_0〔H/m〕とする。

(1) 電波は、互いに □A□ 電界 E と磁界 H から成り立っている。

(2) v を ε_0 と μ_0 で表すと、$v =$ □B□〔m/s〕となる。

(3) 自由空間の固有インピーダンスは、磁界強度を H〔A/m〕、電界強
度を E〔V/m〕とすると、□C□〔Ω〕で表される。

	A	B	C
1	直交する	$1/(\varepsilon_0 \mu_0)$	H/E
2	直交する	$1/\sqrt{\varepsilon_0 \mu_0}$	E/H
3	平行な	$1/\sqrt{\varepsilon_0 \mu_0}$	H/E
4	平行な	$1/(\varepsilon_0 \mu_0)$	E/H
5	平行な	$1/(\varepsilon_0 \mu_0)$	H/E

解答 2

電磁波は、互いに直交する電界と磁界が電界・磁界共に直交する向きに伝搬する
ものです。伝搬速度は光の速度と等しく、$1/\sqrt{\varepsilon_0 \mu_0}$ という式で表されます。自
由空間の固有インピーダンスは、E/H で求められ、その値は約 366〔Ω〕です。

電磁波の数学的性質を問う問題はあまり出題されていませんが、マイ
クロ波を利用する通信回線の特徴について問われる問題は頻出問題の
一つです。特に、高い周波数になるほどアンテナが小型になるととも
に広帯域通信が可能となる反面、10GHz を超えると降雨や降雪の影
響が大きくなる点は必ず覚えておく必要があります。

問3 SHF 帯通信の特徴等　　　　令和 3 年 2 月期「無線工学　午後」問 2

次の記述は、マイクロ波（SHF）帯による通信の一般的な特徴等について述べた
ものである。このうち誤っているものを下の番号から選べ。

1　空電雑音及び都市雑音の影響が小さく、良好な信号対雑音比（S/N）
　の通信回線を構成することができる。
2　アンテナの指向性を鋭くできるので、他の無線回線との混信を避け
　ることが比較的容易である。
3　周波数が高くなるほど、アンテナを小型化できる。
4　超短波（VHF）帯の電波に比較して、地形、建造物及び降雨の影響
　が少ない。

解答　4

選択肢 1 について、空電雑音や都市雑音というのは、放電灯やモーター、電気設
備、各種電化製品などから発生する雑音のことで、発電所から送られてきた電力
を利用する際には必ず発生するものです。これらの雑音は、比較的低い周波数に
分布しているため、SHF 帯を利用する場合はほとんど影響を受けません。

選択肢 2 と選択肢 3 について、周波数が高いほど波長が短くなるため、同一の性
能のアンテナであれば小型に製作することができます。逆に言えば、アンテナの
大きさを一定とすれば、周波数が高いほど高利得のアンテナを製作することが可
能であることを意味します。高性能アンテナは、送受信する電波のエネルギーを
一方向に集中させることで高利得を得ているため指向性が鋭くなり、混信を避け
ることが容易になります。

選択肢 4 について、SHF 帯の電波は、飛び方が光と似てくるため、地形に遮ら
れたり建物で反射されたりする性質が強くなります。また、10GHz 近くになる
と降雨の影響も強く受けます。したがってこの選択肢の記述は誤りです。

Lesson
02

抵抗回路

学習のポイント　　　　　　　　　　　　重要度 ★★★★★

● 抵抗組合せ回路は、電気回路計算の基本です。一陸特では、電源が複数存在するなどの少々難易度が高い問題が良く出題されます。

　一陸特の計算問題のうち、抵抗を組合せた回路に関する問題が良く出題されています。簡単な原理を知っていれば比較的容易に解ける問題から、連立方程式を解く必要がある問題、ある法則を知らないと解けない問題まで様々なバリエーションがありますから、難易度が高い出題に当たってしまった場合は、後回しにして他の確実に解ける問題をきちんと押さえていく、という対処方法も有効です。

基本の法則

- ・オームの法則……$V = IR$

- ・抵抗の消費電力……$P = VI = \dfrac{V^2}{R} = I^2 R$

- ・直列抵抗の合成抵抗値……各々の抵抗値の和
- ・2 本の並列抵抗の合成抵抗値……（2 本の抵抗値の積）÷（2 本の抵抗値の和）

1　抵抗の組合せ回路

　抵抗が直列の場合、合成抵抗値は各々の和となり、並列の場合は、「全体の電流の流れやすさ（抵抗値の逆数）は、各々の電流の流れやすさ（抵抗値の逆数）の和」になります。式にすると、次のようになります。

> ・R_1、R_2、R_3、…、R_X の直列抵抗値 R_S について
>
> $$R_S = R_1 + R_2 + R_3 + \cdots + R_X$$
>
> ・R_1、R_2、R_3、…、R_X の並列抵抗値 R_P について
>
> $$\frac{1}{R_P} = \frac{1}{R_1} + \frac{1}{R_2} + \frac{1}{R_3} + \cdots + \frac{1}{R_X}$$

　なお、コンデンサの直列・並列の場合の静電容量は、抵抗の直列・並列とは逆の関係になります。

2　ブリッジ回路

　ブリッジ回路とは、図のように、2組の、2本の抵抗の直列回路の中点同士を別の抵抗 R_5 で結んだ形の回路です。この場合、R_1 の両端の電圧と R_3 の両端の電圧が等しい場合、もしくは R_2 の両端の電圧と R_4 の両端の電圧が等しい場合、ブリッジ中点に接続される R_5 の両端の電位差はゼロとなり、R_5 には電流が流れなくなります。

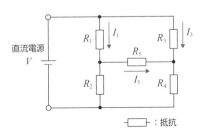

　中点の抵抗 R_5 に電流が流れない状態を「ブリッジが平衡している」といいます。この条件は、

$$R_1 \times R_4 = R_2 \times R_3$$

　つまり「対角線同士の積が等しい」と覚えておきましょう。このとき、R_1 に流れる電流 I_1 はそのまま R_2 を流れます。また、I_3 はそのまま R_4 を流れます。し

たがって、次のような条件が成立していることが分かります。

電源電圧 $V = R_1I_1 + R_2I_1 = (R_1 + R_2) I_1 = R_3I_3 + R_4I_3 = (R_3 + R_4) I_3$

　そして、R_5 に電流が流れない場合、R_5 を取り去ってしまっても、あるいは短絡してしまっても回路全体としての挙動は**変わりません**。このことを利用して抵抗値や電流値などを計算する問題が出題されることもあります。

3　複数の電源が含まれる回路

　複数の電源（電池）が含まれ、その回路の抵抗に流れる電流を求める問題が出題されることがあります。このような問題は、キルヒホッフの法則・テブナンの定理・重ね合わせの原理など、いくつかの手法を用いて計算することができますが、いずれも一長一短があり、簡単で確実な解き方はありません。
　一例として、回路の方程式を立てて答えを求める方法を示します。

例 題

回路中の 8 Ω に流れる電流を求めよ。

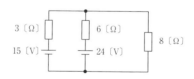

解 答

8 Ω に流れる電流を I と置きます。すると、両端に発生する電圧は $8I$〔V〕です。
3 Ω の抵抗には、差し引き $(15 - 8I)$〔V〕の電圧が掛かるため、ここに流れる電流は $\dfrac{15 - 8I}{3}$〔A〕です。また、6 Ω の抵抗には、差し引き $(24 - 8I)$〔V〕の電圧が掛かるため、ここに流れる電流は $\dfrac{24 - 8I}{6}$〔A〕です。

回路図より、「15V の電池から 3 Ω に流れる電流」と「24V の電池から 6 Ω に流れる電流」の合計が 8 Ω に流れることは明らかですから、

$$\frac{15 - 8I}{3} + \frac{24 - 8I}{6} = I$$

が成立します。これを解くと、両辺に 6 を掛けて、

$$30 - 16I + 24 - 8I = 6I$$

$$\therefore 30 + 24 = 54 = 6I + 16I + 8I = 30I$$

$$\therefore I = 1.8 〔A〕$$

Lesson 02 抵抗回路

4 アッテネーター回路

　アッテネーター回路は、高周波伝送路などに挿入して用いられる減衰回路の一種で、抵抗を T 字型もしくは π 字型に接続して作られます。以下に一例を示します。

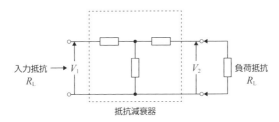

T 形抵抗減衰器

　アッテネーター回路は、入力側・出力側のどちらから見ても同じ入力抵抗値に見える、という特徴を持っています。そして、3 本の抵抗値の組合せから減衰量が求められます。

　減衰量から抵抗値を計算するのは難しい計算式が必要となるため、一陸特の試験では、あらかじめ 3 本の抵抗値もしくは抵抗値の比が与えられ、それをもとに減衰量を計算する問題が出題されています。この計算は、負荷抵抗などの値を、適当な値（各々の抵抗値が、割り切れて整数になる値が好ましい）に設定して、出力端側の電圧を 1V など、計算しやすい値に設定します。そこから各々の抵抗に流れる電流や両端に発生する電圧などのつじつまを合わせていき、最終的に入

力電圧を求めます。そして、入力電圧に対する出力電圧の比を求め、値を dB で聞かれているのであれば dB に変換して解答します。（dB 計算➡ p.94 参照）

令和 3 年 10 月期　「無線工学　午後」問 3

問1 抵抗に流れる電流の値

図に示す回路において、6〔Ω〕の抵抗に流れる電流の値として、最も近いものを下の番号から選べ。

1　0.8〔A〕
2　1.0〔A〕
3　1.8〔A〕
4　2.2〔A〕
5　2.6〔A〕

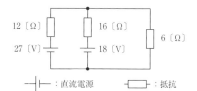

解答　3

6 Ω に流れる電流を I とします。すると、6 Ω の両端の電圧は $6I$〔V〕です。左の 12 Ω には、$(27 - 6I)$〔V〕の電圧が掛かるので、ここに流れる電流は

$$\frac{27 - 6I}{12}$$〔A〕です。

また、真ん中の 16 Ω には $(18 - 6I)$〔V〕の電圧が掛かるので、ここに流れる電流は $\dfrac{18 - 6I}{16}$〔A〕です。以上から、$\dfrac{27 - 6I}{12} + \dfrac{18 - 6I}{16} = I$ を解けば良いことが分かります。

左辺の分数を約分した式にすると、$\dfrac{9 - 2I}{4} + \dfrac{9 - 3I}{8} = I$ になることから、両辺に 8 を掛けると $18 - 4I + 9 - 3I = 8I$ となり、この式で I に関する項を右辺に移項すると $27 = 15I$ と変形できます。両辺を 3 で割ると $9 = 5I$ となり、両辺を 2 倍すると $18 = 10I$ ですから、I は 1.8〔A〕と求めることができます。

問2 抵抗に流れる電流の値　　　　　　令和 4 年 6 月期 「無線工学 午後」問 3

図に示す抵抗 R_1、R_2、R_3 及び R_4 の回路において、R_1 の両端の電圧が 80〔V〕であるとき、R_4 を流れる電流 I_4 の値として、正しいものを下の番号から選べ。

1　6.0〔A〕

2　5.4〔A〕

3　4.8〔A〕

4　3.2〔A〕

5　2.4〔A〕

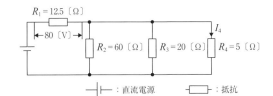

解答 3

R_2・R_3・R_4 は並列ですから、この 3 本に掛かる電圧はどれも等しく、したがって流れる電流は抵抗値の逆比になることを利用します。R_2 に流れる電流を I_2、R_3 に流れる電流を I_3 とすると、$I_2 : I_3 : I_4$ の比は $\dfrac{1}{60} : \dfrac{1}{20} : \dfrac{1}{5}$ ですから、整数比にすると $1 : 3 : 12$ です。ここで R_1 に注目すると、12.5 Ω の両端に 80V の電圧が掛かっていますから、流れる電流はオームの法則により $80 \div 12.5 = 6.4$〔A〕です。したがって、「$1 : 3 : 12$ の合計が 6.4A」ということになり、

I_4 の値は $6.4 \times \dfrac{12}{16} = 4.8$〔A〕と求まります。

> 抵抗の組合せ回路は、一見難しくて解けないように思えるものもあります。しかし、オームの法則を適用していけば必ず解けるようにできていますから、難しそうなら後回しにして試験の残り時間を使ってじっくり考える、という方針もアリでしょう。

図に示す抵抗 $R = 75$〔Ω〕で作られた回路において、端子 ab 間の合成抵抗の値として、正しいものを下の番号から選べ。

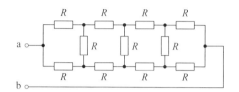

1　300〔Ω〕
2　150〔Ω〕
3　110〔Ω〕
4　75〔Ω〕
5　50〔Ω〕

解答　2

回路図中、縦に配置された3個の R は、上側・下側の電圧が同じであることから平衡状態にあり、取り去ったり短絡したりしても構わないことになります。取り去った場合は、a 〜 b 間は「R が4本直列になっているものが2個並列」と等価なので、$\dfrac{4R}{2} = 2R$ となり、全体で150 Ω であることが分かります。3個の R を短絡して考えた場合、a 〜 b 間は「R が2本並列になったものが、合計4個直列」と見なせますので、やはり $\dfrac{R}{2} \times 4 = 2R$、つまり150〔Ω〕です。

図に示す回路において、8〔Ω〕の抵抗の消費電力の値として、正しいものを下の番号から選べ。

1　16〔W〕
2　24〔W〕
3　32〔W〕
4　48〔W〕
5　64〔W〕

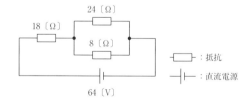

解答 3

仮に、8 Ω と 24 Ω の並列抵抗の両端が 24V だったとします。このとき、8 Ω で消費される電力は $P = V^2/R$ の式から 72W となります。また、24 Ω に流れる電流が 1A、8 Ω に流れる電流が 3A ですから、合計の 4A が 18 Ω に流れ、両端に発生する電圧は $4 \times 18 = 72$〔V〕です。つまり、電源電圧が $72 + 24 = 96$〔V〕のときに上記の条件を満たします。しかし実際の電源電圧は 64V であり、電力は $P = V^2/R$ の式から電圧の 2 乗に比例することが分かりますから、

$$72 \times \left(\frac{64}{96}\right)^2 = \frac{72 \times 64 \times 64}{96 \times 96} = \frac{72 \times (8 \times 8) \times (8 \times 8)}{(8 \times 12) \times (8 \times 12)} =$$

$$\frac{\cancel{8} \times \cancel{9} \times 8 \times 8 \times 8 \times 8}{\cancel{8} \times (\cancel{3} \times 4) \times 8 \times (\cancel{3} \times 4)} = \frac{8 \times 8 \times 8}{4 \times 4} = 8 \times 2 \times 2 = 32$$

となり、32〔W〕と求まります。

問5 T 形抵抗減衰器の減衰量 *L* の値　　　令和元年 6 月期「無線工学　午前」問 6

図に示す T 形抵抗減衰器の減衰量 *L* の値として、最も近いものを下の番号から選べ。ただし、減衰量 *L* は、減衰器の入力電力を P_1、入力電圧を V_1、出力電力を P_2、出力電圧を V_2 とすると、次式で表されるものとする。また、$\log_{10}2 = 0.3$ とする。

$$L = 10 \log_{10} (P_1/P_2) = 10 \log_{10} \{(V_1^2/R_L) / (V_2^2/R_L)\} \text{〔dB〕}$$

1　3〔dB〕

2　6〔dB〕

3　9〔dB〕

4　14〔dB〕

5　20〔dB〕

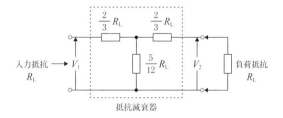

解答 4

抵抗減衰器の抵抗値が**整数**になるよう、適当に $R_L = 12$〔Ω〕と置いてしまいます。

また、計算しやすいように $V_2 = 12$ 〔V〕と置きます。すると、回路は次のように書き直すことができます。

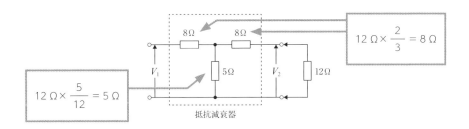

抵抗減衰器

$V_2 = 12$ 〔V〕とすると、ここに流れる電流は 1A です。この電流は、抵抗減衰器の右上の 8 Ω にも流れますから、この抵抗での電圧降下は 8 〔V〕です。したがって真ん中の 5 Ω には、12 〔V〕+8 〔V〕= 20 〔V〕の電圧が掛かることになるので、5 Ω に流れる電流は 4A です。そして、左上の 8 Ω には 5A の電流が流れることが求まります。左上の 8 Ω の電圧降下は 40V ですから、結局 $V_1 = 20$ 〔V〕 + 40 〔V〕= 60 〔V〕と求めることができます。

以上のことから、この抵抗減衰器は「入力に 60V 与えると、出力に 12V 出る回路」であることから、電圧比 1/5 の減衰量です。電圧 1/5 を dB 値に変換すると、1/10 が − 20dB、2 倍が 6dB ですから、差し引きすると − 14dB となり、減衰量は 14 〔dB〕であることが求まります。

(➡ dB 計算については p.94 参照)

問6 直流ブリッジ回路 平成 29 年 6 月期　「無線工学　午後」問 3

図に示す直流ブリッジ回路が平衡状態にあるとき、抵抗 R_X 〔Ω〕の両端の電圧 V_X の値として、正しいものを下の番号から選べ。

1　10.8〔V〕
2　9.6〔V〕
3　8.0〔V〕
4　6.0〔V〕
5　1.5〔V〕

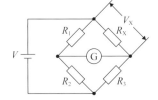

直流電源電圧：$V = 12$〔V〕
抵抗：$R_1 = 400$〔Ω〕
　　　$R_2 = 100$〔Ω〕
　　　$R_3 = 800$〔Ω〕
G：検流計

解答　2

ブリッジが平衡しているとき、G の両端の電圧は等しくなります。R_1 と R_2 の直列部分に注目すると、これは電源電圧を 4：1 に分圧していることが分かります。

したがって、$12 \times \dfrac{4}{5} = 9.6$〔V〕と求まります。

問7 合成静電容量　　　　　　　　令和 2 年 2 月期　「無線工学　午後」問 3

図に示す回路の端子 ab 間の合成静電容量の値として、正しいものを下の番号から選べ。

1　12〔μF〕
2　16〔μF〕
3　20〔μF〕
4　24〔μF〕
5　30〔μF〕

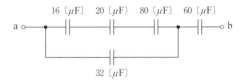

解答　4

「コンデンサの直列・並列と、抵抗の直列・並列は互いに逆」の関係を使います。まず 16 μF・20 μF・80 μF の直列部分の合成静電容量 C_X は、

$$\frac{1}{C_X} = \frac{1}{16} + \frac{1}{20} + \frac{1}{80} = \frac{5}{80} + \frac{4}{80} + \frac{1}{80} = \frac{10}{80} = \frac{1}{8}$$

という式から、8 μF であることが分かります。この 8 μF と 32 μF が並列になるので、合成すると 40 μF です。最後に、端子 b のすぐ左の 60 μF との直列合成静電容量を求めると、

$$\frac{1}{C_X{}'} = \frac{1}{40} + \frac{1}{60} = \frac{6}{240} + \frac{4}{240} = \frac{10}{240} = \frac{1}{24}$$

となり、答えは 24〔μF〕と求めることができます。

Lesson 03 交流回路

学習のポイント　　　　　　　重要度 ★★★★★

● 交流理論は難しいですが、一陸特の国家試験では、定番の公式に値を
代入すれば答えが求まる回路と、共振現象について基本的な性質を問
う形の問題が主に出題されています。

　コイル（記号 L）やコンデンサ（記号 C）に交流の電圧をかけると、電流の波
形が電圧に対して時間的にズレて流れるという現象が発生します。コイルは電圧
に対して電流が時間的に遅れ、コンデンサは電流に対して電圧が遅れて発生する
という、互いに真逆の性質を持っています。

　抵抗は時間的なズレが発生しませんから、抵抗とコイル・コンデンサの直列や
並列の組合せ回路を作った場合、全体の Ω 値は単純な足し算などで求めることは
できません。このような計算は本来かなり難しい理論ですが、一陸特で出題され
る問題では、以下に挙げる考え方や公式を覚えておけば対応可能です。

1 ▶ RL 直列回路・RC 直列回路

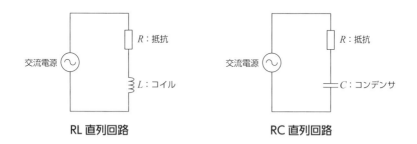

RL 直列回路　　　　　　　　　RC 直列回路

　抵抗 R とリアクタンス X_L のコイルの直列回路や、リアクタンス X_C のコンデ
ンサの直列回路の合成インピーダンス Z は、

公式 >>>

$$Z = \sqrt{R^2 + X_L^2} \ (\Omega)$$

$$Z = \sqrt{R^2 + X_C^2} \ (\Omega)$$

で求めることができます。また、電源電圧 V、抵抗の両端の電圧 V_R、コイルの両端の電圧 V_L、コンデンサの両端の電圧 V_C の間には、

公式 >>>

$$V = \sqrt{V_R^2 + V_L^2}$$

$$V = \sqrt{V_R^2 + V_C^2}$$

の関係があります。

　電源の周波数を f〔Hz〕とするとき、三角関数の角度に直した角周波数 ω は

$$\omega = 2\pi f$$

で定義され、コイルやコンデンサのリアクタンス（交流に対するΩ値）は、コイルの作用の大きさ（インダクタンス）を L〔H〕、コンデンサの静電容量を C〔F〕とすると、

公式 >>>

$$X_L = 2\pi f L = \omega L \ (\Omega)$$

$$X_C = \frac{1}{2\pi f C} = \frac{1}{\omega C} \ (\Omega)$$

で計算できます。

　コイルやコンデンサで電力は消費されず、抵抗でのみ電力が消費されます。

Lesson
03

交流回路

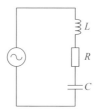

RLC 直列回路

　RLC 直列回路の合成インピーダンスは、L と C で電圧・電流の進み遅れが互いに打ち消しあうことから、次の式で求めることができます。

公式 》》

$$Z = \sqrt{R^2 + (X_L - X_C)^2}$$

3 RLC 並列回路

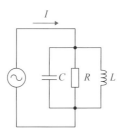

RLC 並列回路

　RLC 並列回路の合成電流 I は、抵抗に流れる電流を I_R、コイルに流れる電流を I_L、コンデンサに流れる電流を I_C として、次の式で求めることができます。

公式 》》

$$I = \sqrt{I_R^2 + (I_L - I_C)^2}$$

4 共振現象

RLC 直列回路または並列回路において、コイルとコンデンサのリアクタンスが等しい周波数において共振現象が起こります。共振状態においては、以下のようになります。

共振状態のとき

- RLC 直列回路…インピーダンスが最小となり、回路電流は最大
- RLC 並列回路…インピーダンスが最大となり、回路電流は最小

コイルのインダクタンスを L、コンデンサの静電容量を C とするとき、共振が起こる周波数 f と角周波数 ω は以下の式で求めることができます。

公式 ≫

$$f = \frac{1}{2\pi\sqrt{LC}}$$

$$\omega = \frac{1}{\sqrt{LC}}$$

5 共振回路の Q（尖鋭度）

RLC 並列回路や直列回路で共振状態を作るとき、共振状態の鋭さ（良好さ）を示す指標として Q（尖鋭度）があります。

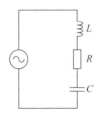
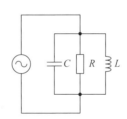

・直列共振時…直列に入っている抵抗 R が小さいほど Q は高くなる。

$$Q = \frac{WL}{R} = \frac{1}{\omega CR}$$

・並列共振時…並列に入っている抵抗 R が大きいほど Q は高くなる。

$$Q = \frac{R}{WL} = \omega CR$$

練習問題

問1 直列回路のリアクタンスの値　　　令和3年10月期 「無線工学 午後」問4

図に示す直列回路において消費される電力の値が 360〔W〕であった。このときのコイルのリアクタンス X_L〔Ω〕の値として、正しいものを下の番号から選べ。

1　8〔Ω〕

2　10〔Ω〕

3　13〔Ω〕

4　18〔Ω〕

5　24〔Ω〕

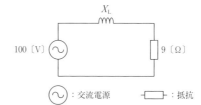

解答　3

$Z = \sqrt{R^2 + X_L^2}$ の式を用います。9 Ωの抵抗で消費される電力が 360W ということは、$P = I^2R$ より、$360 = I^2 \times 9$ なので $I^2 = 40$ です。回路に流れる電流 I は、電源電圧を回路全体のインピーダンスで割ったものですから、

$$I = \frac{100}{\sqrt{R^2 + X_L^2}} = \sqrt{40}$$

の式が成立します。両辺を2乗すると、

$$\frac{10{,}000}{9^2 + X_{\mathrm{L}}^2} = 40$$

$$\therefore\ 10{,}000 = 40\ (9^2 + X_{\mathrm{L}}^2)$$

$$\therefore\ 1{,}000 = 4\ (81 + X_{\mathrm{L}}^2)$$

$$\therefore\ 1{,}000 - 324 = 4X_{\mathrm{L}}^2$$

$$\therefore\ 250 - 81 = X_{\mathrm{L}}^2 = 169$$

$$X_{\mathrm{L}} = \sqrt{169} = 13\ (\Omega)$$

問2 共振回路　　　　　　　　　　　　令和4年6月期　「無線工学　午後」問7

次の記述は、図1及び図2に示す共振回路について述べたものである。このうち誤っているものを下の番号から選べ。ただし、ω_0〔rad/s〕は共振角周波数とする。

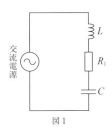
図1

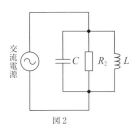
図2

R_1、R_2：抵抗〔Ω〕
L：インダクタンス〔H〕
C：静電容量〔F〕

1　図1の共振角周波数 ω_0 は、$\omega_0 = \dfrac{1}{\sqrt{LC}}$ である。

2　図1の共振回路の Q（尖鋭度）は、$Q = \omega_0 L R_1$ である。

3　図2の共振時の回路の合成インピーダンスは、R_2 である。

4　図2の共振回路の Q（尖鋭度）は、$Q = \omega_0 C R_2$ である。

解答　2

直列共振は、共振状態時に残留する抵抗値 R_1 が小さいほど Q が高くなり、

$Q = \dfrac{\omega_0 L}{R_1}$ となります。一方、並列共振は共振状態時に残留する抵抗値 R_2 が

大きいほど Q が高くなります。

Lesson 04　伝送路符号形式

学習のポイント　　　　　　重要度 ★★☆☆☆

● 電子計算機は、電気信号によって二進数の「1」「0」を表現し計算を行っていますが、どのような電圧を用いるかという方式にはいくつもの種類があります。代表的な例を覚えておきましょう。

1　伝送路符号形式

　デジタル情報伝送は、二進数の「0」と「1」を電圧の変化に置き換えて伝送しています。誰もがすぐに思いつくのは、例えば二進数の「0」を電圧の0V、「1」を10Vのように置き換えることでしょう。有線通信黎明期のモールス伝送はこの方式で信号を送っていましたが、やり取りされる情報の速度や量が増大するにつれ、この方式ではうまく情報が伝えられなくなることが分かりました。そこで種々の符号化形式が考案され使われるようになりました。

1　単流（単極）NRZ 符号

　単流もしくは単極というのは、電圧として0Vと+5Vのように、単方向のみの極性の電圧を用いるものです。NRZ は Non Return to Zero の略で、「0」「1」の符号の途中で電圧がゼロに戻らないものです。

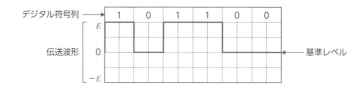

「0」や「1」が多数連続するとエラーが起きやすい（いくつ送られたのか判然としなくなってしまう）欠点があります。

2　単流（単極）RZ 符号

「0」や「1」が連続しすぎると、タイミングが取りにくくなるという欠点を改善するために、「1」の途中で電圧がゼロに戻るものです。

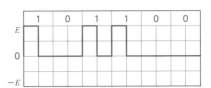

しかし、「0」が多数連続するとタイミングが取れなくなるという欠点は残ったままです。

3　複流（複極）NRZ 符号

±の電圧を用いた NRZ 方式です。「0」と「1」の出現確率が同等の場合、平均電圧がゼロになるという大きな利点を持っています。平均電圧がゼロにならない信号を伝送するということは直流電流を伝送することを意味し、原理的に歪みが起きやすいのですが、それを改善することが期待できます。

しかし、「0」や「1」が多数連続した場合に同期を取りにくい欠点は残っています。

55

4　複流（複極）RZ 符号

　±の電圧を用い、「0」「1」の途中で電圧がゼロに戻る方式です。「0」「1」の出現割合がほぼ同じであれば平均電圧がゼロになるほか、同一符号が多数連続しても同期が取れなくなることはありません。したがって、これまでに挙げた中では最も高速通信に向いた方式といえます。

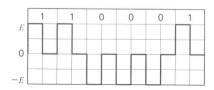

しかし、実際にはこの符号方式をさらに改良した AMI 符号などが多用されているため、この方式自体はあまり使われません。

5　AMI 符号

　「0」は電圧がゼロのまま、「1」の場合は、RZ 方式で±の電圧が交互に現れるものです。「0」が連続すると同期がとりにくい欠点は残りますが、これはデジタル符号化方式の段階で工夫し、多数の「0」が連続しないようにすることで回避しています。

この方式はバイポーラ符号とも呼ばれ、LAN ケーブル上での情報伝送符号化など幅広く利用されている方式です。

練習問題

問1 **伝送符号形式の名称**　　　　　令和 2 年 2 月期　「無線工学　午前」問 5

デジタル符号列「0101001」に対応する伝送波形が図に示す波形の場合、伝送符号形式の名称として、正しいものを下の番号から選べ。

1　両極（複極）性 RZ 符号
2　両極（複極）性 NRZ 符号
3　AMI 符号
4　単極性 NRZ 符号
5　単極性 RZ 符号

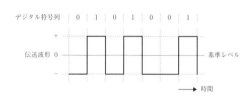

解答　2

伝送波形を見ると ± の電圧を使用しているので両極（または複極）、「0」「1」の途中で電圧がゼロに戻っていないので NRZ と判断できます。

問2 **伝送符号形式の名称**　　　　　令和 2 年 2 月期　「無線工学　午後」問 5

デジタル符号列「0101001」に対応する伝送波形が図に示す波形の場合、伝送符号形式の名称として、正しいものを下の番号から選べ。

1　単極性 RZ 符号
2　単極性 NRZ 符号
3　AMI 符号
4　両極（複極）性 NRZ 符号
5　両極（複極）性 RZ 符号

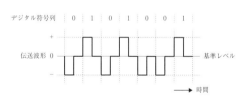

解答　5

伝送波形を見ると ± の電圧を使用しているので両極（または複極）、「0」「1」の途中で電圧がゼロに戻っているので RZ と判断できます。

Lesson 05　帯域フィルタ

> **学習のポイント**　　　　　　　　　　　重要度 ★★★ ☆☆
>
> ● 電波の送受信や信号処理の際、ある周波数を取り出したり消去したりする場合に帯域フィルタが利用されます。試験では非常に簡単な問題しか出題されませんから、ぜひ得点源にしましょう。

1　帯域フィルタの種類

　帯域フィルタは、一定の周波数帯域を取り出したり、あるいは消去したりするための回路素子です。大きく分けると4種類がありますので、確実に覚えておきましょう。

1　低域通過フィルタ（Low Pass Filter：LPF）

　ある周波数よりも低い周波数のみを通過させるフィルタです。次のような特性図で表されます。

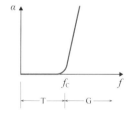

α：減衰量
f：周波数
f_C：遮断周波数
G：減衰域
T：通過域

2　高域通過フィルタ（High Pass Filter：HPF）

　ある周波数よりも高い周波数のみを通過させるフィルタです。次のような特性図で表されます。

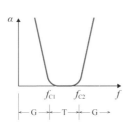

α ：減衰量

f ：周波数

f_C ：遮断周波数

G ：減衰域

T ：通過域

3　帯域通過フィルタ（Band Pass Filter：BPF）

　ある周波数の帯域のみを通過させるフィルタです。次のような特性図で表されます。

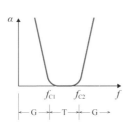

α ：減衰量

f ：周波数

f_{C1}、f_{C2} ：遮断周波数

G ：減衰域

T ：通過域

αの減衰量がゼロに近いところは、よく通過しているってことですね。

4　帯域消去フィルタ（Band Eliminate Filter：BEF）

　ある周波数の帯域のみを通さないフィルタです。次のような特性図で表されます。

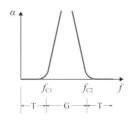

α ：減衰量

f ：周波数

f_{C1}、f_{C2} ：遮断周波数

G ：減衰域

T ：通過域

問1 低域フィルタの特性
令和4年2月期 「無線工学 午前」問7

次の図は、フィルタの周波数対減衰量の特性の概略を示したものである。このうち低域フィルタ（LPF）の特性の概略図として、正しいものを下の番号から選べ。

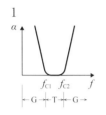 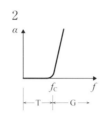 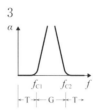 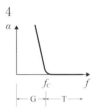

α：減衰量　　f：周波数　　f_C、f_{C1}、f_{C2}：遮断周波数　　G：減衰域　　T：通過域

解答　2
(➡ p.58 ～ 59 参照)

問2 高域フィルタの特性
平成14年10月期 「無線工学 午前」問6

次の図は、フィルタの通過帯域及び減衰帯域特性の概略を示したものである。このうち高域フィルタの特性の概略図として、正しいものを下の番号から選べ。

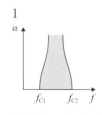 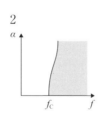 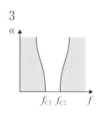 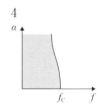

f：周波数　　f_C、f_{C1}、f_{C2}：遮断周波数　　α：減衰量　　☐：通過帯域　　▨：減衰帯域

解答　4
高域フィルタは、高い周波数を通過させ、低い周波数を遮断する性質を持ちます。これに適合するのは選択肢4のグラフです。

Lesson 06 オペアンプ増幅回路

> **学習のポイント**　　　　　　　　　　　　重要度 ★★ ☆☆☆
>
> ● アナログ信号の増幅用 IC としてオペアンプが広く使われています。増幅回路の利得を dB 単位で求める問題や、帰還回路の増幅度を求める問題などが出題されています。

　オペアンプは、−入力端子と＋入力端子の２つに入力される電圧の差を増幅する IC です。理想的なオペアンプは増幅度が無限大で、出力端子から抵抗で電圧を入力側に戻すことで、常に＋入力端子と−入力端子が同じ電圧になるような回路構成を作って増幅を行います。

　このような回路を負帰還増幅回路と呼びます。負帰還回路とは、出力に現れた電圧を入力側に戻し、値をバランスさせた状態で増幅を行う回路です。

　理想的なオペアンプの増幅度は無限大ですが、実際はある程度の有限値なので、その有限値を使って増幅度を求めさせる問題も出題されています。

1 反転増幅回路

反転増幅回路は、次の図のような回路です。

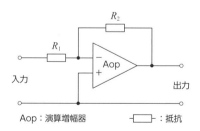

Aop：演算増幅器　　　　━□━：抵抗

　入力に＋の電圧が加わると、抵抗 R_1 を通じてオペアンプ（演算増幅器）の−端子の電圧も上昇します。すると、出力端子の電圧は下降を始め、入力端子〜

$R_1 \sim R_2 \sim$ 出力端子という経路で電流が流れます。この動作は、−入力端子の電圧が+入力端子と同じ 0 〔V〕になれば止まりますから、回路全体の増幅度 A_V は

$$A_V = -\frac{R_2}{R_1}$$

となります。

2 非反転増幅回路

非反転増幅回路は、次のような回路です。

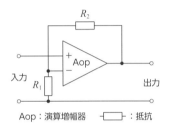

Aop：演算増幅器　　　：抵抗

入力端子に+の電圧が加わると、直結されている+入力端子の電圧が上昇し、出力電圧は上昇を始めます。すると、出力端子 $\sim R_2 \sim R_1$ の順に電流が流れ、−入力端子の電圧も上昇します。出力電圧を R_2 と R_1 で分圧した電圧が入力電圧と同じ値になって回路が安定しますから、回路全体の増幅度 A_V は

$$A_V = \frac{R_1 + R_2}{R_1}$$

という式で求めることができます。

3 増幅度が有限な場合の負帰還回路の利得

反転増幅回路・非反転増幅回路の増幅度の計算式は、オペアンプの利得が無限

大の理想状態における計算値ですが、現実の利得は無限大ではありません。そこで、次のような例を考えます。

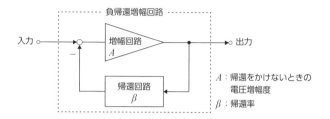

この回路において、入出力間の利得を求める手順は次の通りです。

①増幅回路の入力端子での信号の大きさを「1」とおく。
②増幅回路の出力端子の信号の大きさが「A」と決まる。
③帰還回路の出力端子の信号の大きさが「$A\beta$」と決まる。
④入力信号の大きさは、「$A\beta$ を引いたら1になる値」なので「$1 + A\beta$」と決まる。

以上より、出力と入力の関係式は、

$$\frac{A\beta}{1 + A\beta}$$

と決定することができます。

1 ☐ 反転増幅回路の回路全体の増幅度は、$A_v = -\dfrac{R_2}{R_1}$ で求められる。

2 □ 非反転増幅回路の回路全体の増幅度は、$A_V = \dfrac{R_1 + R_2}{R_1}$ で求められる。

3 □ 増幅度が有限な場合の負帰還回路の出力と入力の関係式は、

$\dfrac{A\beta}{1 + A\beta}$ で求められる。

練 習 問 題

問1 電圧増幅度の値　　　　　　　　　　令和2年2月期 「無線工学 午後」問7

図に示す負帰還増幅回路例の電圧増幅度の値として、最も近いものを下の番号から選べ。ただし、帰還をかけないときの電圧増幅度Aを200、帰還率βを0.2とする。

1　3.2
2　4.9
3　10.5
4　20.0
5　40.0

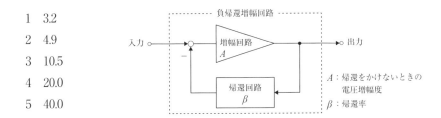

解答 2

増幅回路の入力信号の大きさを「1」とおきます。増幅回路の出力は、200 × 1 = 200 となり、帰還回路の出力 $A\beta$ は、200 × 0.2 = 40 となります。入力信号は、40 を引いたら1になる大きさなので、40 + 1 = 41 となります。出力 ÷ 入力 = 200 ÷ 41 ≒ **4.9** が正解です。

p.63 の手順のとおりに計算していこう。

問2 反転増幅回路の電圧利得の値　　　令和 3 年 6 月期　「無線工学　午前」　問 7

図に示す理想的な演算増幅器（オペアンプ）を使用した反転増幅回路の電圧利得
の値として、最も近いものを下の番号から選べ。ただし、図の増幅回路の電圧増
幅度の大きさ A_V（真数）は、次式で表されるものとする。また、$\log_{10}2 = 0.3$ とする。

$$A_V = R_2 / R_1$$

1　6〔dB〕
2　12〔dB〕
3　16〔dB〕
4　20〔dB〕
5　28〔dB〕

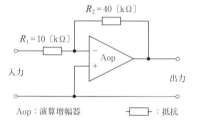

$R_2 = 40$〔kΩ〕
$R_1 = 10$〔kΩ〕
Aop
入力　　　　　　　　　　出力
Aop：演算増幅器　　　　□ー：抵抗

解答　2

増幅度の計算式が出題文にありますから、その通りに計算したのち dB 単位に変
換するだけの問題です（dB 変換については ➡ p.94 参照）。増幅度は電圧比 4 倍
なので、2 倍が ＋ 6dB、4 倍は ＋ 6dB ＋ 6dB ＝ ＋ 12dB で、12〔dB〕が正解と
なります。

> この問題のように、dB 値と倍数（真数）の相互変換の計算は確実に
> できることが求められています。例題実習を通じて確実に扱えるよう
> にしておきましょう。

Lesson
06

オペアンプ増幅回路

Lesson 07　PLL 回路

学習のポイント　　　　　　　　　　重要度 ★★★★★

● 安定した周波数を発振する回路として、PLL が多用されています。また、FM 信号の変調・復調用として利用されることもあります。構成は簡単ですから、必ず正答できるように覚えたいものです。

電波の利用が高度化するにともなって、極めて正確かつ安定度が高い周波数が求められるようになりました。しかし、従来のコイルとコンデンサを組合せた発振回路は、周囲の温度や湿度、電圧、振動などによって周波数が変動してしまい、高度なデジタル通信用として用いることは不可能な代物でした。

高精度な信号発生器としては、水晶発振器が多く用いられます。しかし、水晶はその大きさによって発振周波数が決定されてしまうという欠点があります。そこで、水晶発振器の極めて正確な周波数を参照信号として、それを基に別の発振器の周波数を安定化させる回路が考案されました。これが PLL 回路です。PLL とは、Phase Locked Loop の略で、位相同期ループという意味です。

1　PLL 発振回路

PLL の原理を用いた発振回路の基本原理は次の通りです。

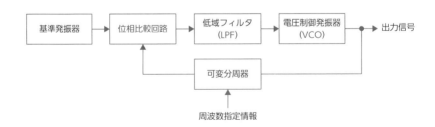

基準発振器には、安定性が高い水晶発振器が用いられます。位相比較回路は、2 つの入力信号の位相的な差異を極めて敏感に検出する回路です。この出力を

LPF に通して雑音を取り除くとともに安定化した直流信号とし、これによって VCO の発振周波数をコントロールします。VCO は、入力電圧によって出力周波数を変えることができる発振回路で、可変分周器は、入力された周波数を N 分の 1 に落とす回路です。

このような構成により、周波数指定情報を入力すれば、その周波数の極めて安定した発振回路を構成することができます。

一陸特の試験では、各回路の名称と役割が出題されることがあります。

2 PLL 変調回路

PLL 発振回路を応用し、VCO の直前にマイクからの音声信号を重畳することで、FM 変調器を作ることができます。FM 変調器も、コイルに可変容量ダイオードを組合せた回路で作ることができるのですが、発振周波数の安定度の問題のほか、PLL 回路そのものが IC 化されて非常に手軽に構成することができるようになり、このような回路が普及することになりました。

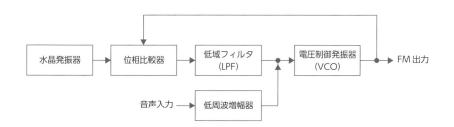

3 PLL 復調回路

PLL を利用した FM 変調回路と対になるのが FM 復調回路です。これは、PLL ループを次のような構成にすることで、入力した FM 変調波から音声出力 (FM 復調信号) を得ることができます。

FM 復調回路も、以前はコイルとコンデンサを利用した同調回路の組合せで構成されていましたが、復調信号の品質が余り良くないほか回路の調整が難しいなどの欠点を持っていました。これを PLL 回路にすることによって高品質な復調を行うことができます。こちらも、PLL 回路の IC 化によって手軽に構成することができるようになった結果です。

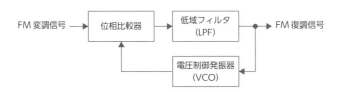

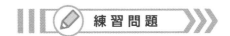

令和 3 年 6 月期 「無線工学 午後」問 11

問 1 FM（F3E）変調器の構成

図は、PLL による直接 FM（F3E）方式の変調器の原理的な構成例を示したものである。□□□内に入れるべき字句の正しい組合せを下の番号から選べ。

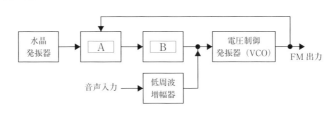

	A	B
1	周波数逓倍器	高域フィルタ（HPF）
2	周波数逓倍器	帯域フィルタ（BPF）
3	周波数逓倍器	低域フィルタ（LPF）
4	位相比較器（PC）	高域フィルタ（HPF）
5	位相比較器（PC）	低域フィルタ（LPF）

解答　5

選択肢 A の、2 入力 1 出力の回路は位相比較器です。この出力を低域フィルタ（LPF）に通し、電圧制御発振器（VCO）に与えます。

問2 PLL 周波数シンセサイザ　　　　　平成 30 年 2 月期　「無線工学　午後」問 7

次の記述は、図に示す FM（F3E）送信機の発振部などに用いられる PLL 発振回路（PLL 周波数シンセサイザ）の原理的な構成例について述べたものである。[　　] 内に入れるべき字句の正しい組合せを下の番号から選べ。なお、同じ記号の [　　] 内には、同じ字句が入るものとする。

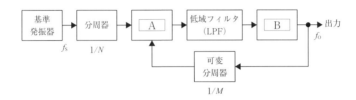

(1) 分周器と可変分周器の出力は、[　A　] に入力される。

(2) 低域フィルタ（LPF）の出力は [　B　] に入力される。

(3) 基準発振器の出力の周波数 f_s を 3.2〔MHz〕、分周器の分周比 $1/N$ を 1/128、可変分周器の分周比 $1/M$ を 1/6,800 としたとき、出力の周波数 f_0 は、[　C　]〔MHz〕になる。

	A	B	C
1	位相比較器	周波数逓倍器	150
2	位相比較器	電圧制御発振器（VCO）	170
3	振幅制限器	電圧制御発振器（VCO）	150
4	振幅制限器	周波数逓倍器	170
5	位相比較器	電圧制御発振器（VCO）	150

解答　2

複雑な構成ですが、「位相比較器に入力される 2 つの信号の周波数は常に同一である」という基本を押さえておけば簡単な問題です。水晶発振器側から位相比較器に入力される周波数は、3.2〔MHz〕÷ 128 = 0.025〔MHz〕です。したがって、

「出力周波数を、可変分周器で 1/6,800 にした周波数」も 0.025〔MHz〕ということが分かりますから、出力周波数は、0.025〔MHz〕× 6,800 = 170〔MHz〕と求まります。

問3 FM 波復調器の構成

次の図は、PLL を用いた原理的な周波数変調（FM）波の復調器の構成を示したものである。このうち正しいものを下の番号から選べ。ただし、PC は位相比較器、LPF は低域フィルタ（LPF）、VCO は電圧制御発振器を表す。また、S_{FM} は FM 変調信号、S_{AD} は FM 復調信号を表す。

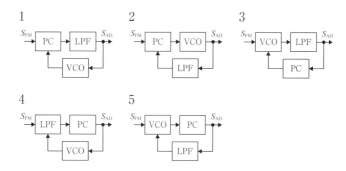

解答 1

着目点は、構成の中で「2 つの入力信号と 1 つの出力信号を持つ部分」を探すことで、これが位相比較器と決定されます。したがって、解答は選択肢 1 か 2 に絞ることができます。

次に、PLL シンセサイザ・PLL 変調器・PLL 復調器のいずれにおいても位相比較器の出力は LPF に入力されていますから、これに該当するのは選択肢 1 と分かります。

PLL 回路のループ部分は、必ず位相比較器 → LPF → VCO という順序になります。これさえ押さえておけば、どのパターンでも必ず正解を求められるはずです。

問4 周波数シンセサイザの構成　　　　令和 2 年 10 月期　「無線工学　午後」問 6

図に示す位相同期ループ（PLL）を用いた周波数シンセサイザの原理的な構成例において、出力の周波数 F_0 の値として、正しいものを下の番号から選べ。ただし、水晶発振器の出力周波数 F_X の値を 10〔MHz〕、固定分周器 1 の分周比について N_1 の値を 5、固定分周器 2 の分周比について N_2 の値を 4、可変分周器の分周比について Np の値を 57 とし、PLL は位相比較（検波）器に加わる二つの入力の周波数及び位相が等しくなるように動作するものとする。

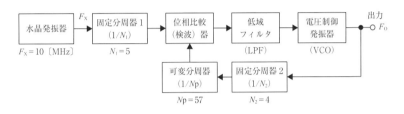

1　532〔MHz〕

2　456〔MHz〕

3　304〔MHz〕

4　152〔MHz〕

5　76〔MHz〕

解答　2

複雑な回路ですが、原理を理解していれば容易な問題です。水晶発振器から位相比較器に入力される周波数は、10〔MHz〕÷ 5 で 2〔MHz〕です。位相比較器に出力側から入る回路は、固定分周器と可変分周器の積、すなわち 4 × 57 ＝ 228 分周されます。「228 分の 1 になった周波数が 2MHz」となる周波数を計算すればよいので、答えは 456〔MHz〕です。

PLL 方式シンセサイザですから分周器が挿入されているものの、「位相比較器→ LPF → VCO」という順序は変わらないことが分かりますね。

Lesson 01　導波管

学習のポイント　　　　　　　　　重要度 ★★★☆☆

● マイクロ波の伝送媒体として、四角い金属の筒である導波管が多用されています。導波管そのものに関する出題は多くありませんが、概要は正しく理解しておきましょう。

1　導波管の構造

　導波管は、金属でできた中空の筒です。この筒の中をマイクロ波が伝搬します。形状は、方形のほかにも円形などがありますが、通常は方形導波管が利用されます。導波管の中を伝搬することができる電波の周波数は、導波管の大きさによって決定され、構造で決定される値よりも低い周波数の電波は通過できません。したがって、物理的なサイズの制約により、事実上マイクロ波専用の極めて低損失な伝送線路として広く使用されています。

方形の導波管

2　遮断波長と遮断周波数

　導波管の中を伝搬できる最も低い周波数を遮断周波数と呼んでいます。遮断周波数の電磁波の波長は、長辺の長さの2倍であることが分かっています。したがって、長辺の長さを L〔cm〕とすると、

公式 >>>

遮断波長　$\lambda = 2L$〔cm〕

遮断周波数　$f = \dfrac{30}{2L}$〔GHz〕

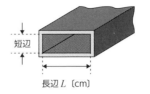

短辺

長辺 L〔cm〕

で求められることになります。

Lesson
01

導波管

遮断周波数や遮断波長の問題が出題されればラッキー問題なのですが、長辺が 1/2 波長であるという点だけ計算ミスしないように気を付けましょう。（1 波長として計算するミスが多いようです）

➕α ここも覚えるプラスアルファ

モード

導波管内を電磁波が伝搬する場合、電界と磁界の分布の様子は複数存在することが知られ、これらをモードと呼んでいます。最も代表的なものは TE$_{10}$ モードで、通常導波管はこのモードで使用します。

この他には TE$_{20}$ モード、TM$_{10}$ モード、TM$_{20}$ モードなどが存在します。実線を電界分布、破線を磁界分布とすると、次のように図示することができます。

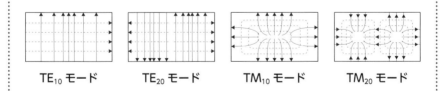

TE$_{10}$ モード　　TE$_{20}$ モード　　TM$_{10}$ モード　　TM$_{20}$ モード

3　導波管窓の特性

　導波管の途中に、窓状の仕切りを設けたものを導波管窓と呼びます。この特性について出題されることがあります。頻度は高くありませんが、非常に簡単に解けるのでぜひ覚えておきましょう。

1 導波管窓

　導波管の途中に、穴（スリット）の開いた金属製の仕切り板を設けると、中を伝搬するマイクロ波に対して回路素子を挿入したような特性を示します。導波管窓は、次のような3種類が存在します。

1）横長の、端まで達する窓

　回路素子としては、伝送線路と並列に挿入されたコンデンサとして振る舞います。

　窓の形が、ちょうどコンデンサの対向電極のように見えるので、その連想で覚えておきましょう。

2）縦長の、端まで達する窓

　回路素子としては、伝送線路と並列に挿入されたコイルとして振る舞います。

　窓の形が、縦長に接続されたコイルに似た形をしていますので、その連想で覚えましょう。

3）横・縦ともに端まで達しない窓

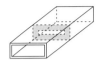

　回路素子としては、伝送線路と並列に挿入されたコイル並びにコンデンサとして振る舞います。

これは、上記 2 種類の合わせ技として覚えておきましょう。

 頻出項目をチェック！

1 ☐ 導波管について、長辺の長さを L〔cm〕とすると、遮断波長 $\lambda = 2L$〔cm〕で求められる。

2 ☐ 導波管について、長辺の長さを L〔cm〕とすると、

遮断周波数 $f = \dfrac{30}{2L}$〔GHz〕で求められる。

3 ☐ 導波管内を電磁波が伝搬するときの電界と磁界の分布の様子は<u>モード</u>と呼ばれ、最も代表的なものに TE$_{10}$ モードがある。

こんな選択肢は誤り！

導波管窓について、横・縦ともに端まで達しない窓は、伝送線路と直列に挿入されたコイルとコンデンサとして振る舞う。

直列ではなく、並列に挿入されたコイル・コンデンサとして振る舞います。

練習問題

問1 方形導波管の長辺の長さ　　　　　　平成30年2月期　「無線工学　午後」問6

図に示す方形導波管の TE_{10} 波の遮断周波数が5〔GHz〕のとき、長辺の長さ a の値として、最も近いものを下の番号から選べ。

1　3〔cm〕
2　4〔cm〕
3　5〔cm〕
4　6〔cm〕
5　7〔cm〕

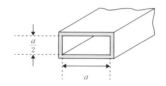

解答　1

遮断波長は、$2 \times a$ で $2a$〔cm〕ですから、

$$f = \frac{c}{\lambda} \text{ より、} 5 \times 10^9 = \frac{3 \times 10^8}{2a \times 10^{-2}} = \frac{3 \times 10^{10}}{2a}$$

〔GHz〕を〔Hz〕に変換　　　〔cm〕を〔m〕に変換

$$\therefore 2a = \frac{3 \times 10^{10}}{5 \times 10^9} = 6$$

$a = 3$〔cm〕と求まります。

問2 TE$_{10}$ 波の遮断周波数の値 平成 30 年 2 月期　「無線工学　午前」問 6

図に示す方形導波管の TE$_{10}$ 波の遮断周波数の値として、最も近いものを下の番号から選べ。

1　5.0〔GHz〕

2　6.0〔GHz〕

3　7.5〔GHz〕

4　10.0〔GHz〕

5　12.0〔GHz〕

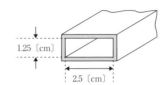

1.25〔cm〕

2.5〔cm〕

解答　2

遮断波長は 2 × 2.5 で 5.0〔cm〕ですから、これを周波数に変換します。

$$f = \frac{c}{\lambda} \text{ より、} \frac{3 \times 10^8}{5.0 \times 10^{-2}} = 6.0 \times 10^9 \text{〔Hz〕} = 6.0 \text{〔GHz〕 と求まります。}$$

問3 導波管窓 令和 3 年 10 月期　「無線工学　午前」問 5

図に示す等価回路に対応する働きを有する、斜線で示された導波管窓（スリット）素子として、正しいものを下の番号から選べ。ただし、電磁波は TE$_{10}$ モードとする。

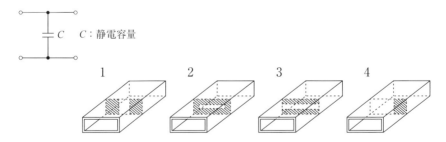

C　　C：静電容量

1　　　　2　　　　3　　　　4

解答　3

コンデンサの極板の形から連想しやすい問題です。

図中の斜線で示す導波管窓（スリット）素子の働きに対応する等価回路として、正しいものを下の番号から選べ。ただし、伝搬モードは TE_{10} 波とする。

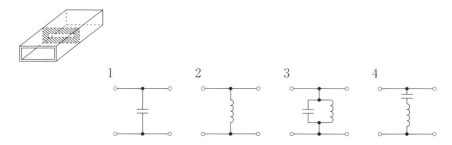

解答　3

選択肢 4 と間違えないように気を付ける必要があります。（➡ p.75 参照）

図は、導波管内の電磁界の断面分布伝送モードを示したものである。このうち TE_{20}（H_{20}）を表すものとして、正しいものを下の番号から選べ。ただし、実線は電界分布、破線は磁界分布を表すものとする。

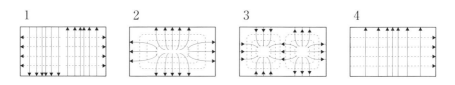

解答　1

TE モードは電界と磁界が共に真っすぐで、選択肢 4 は TE_{10}、選択肢 1 が TE_{20} モードです。なお、選択肢 2 は TM_{10} モード、選択肢 3 は TM_{20} モードです。

分岐導波管

学習のポイント　　　　　　　　　　重要度 ★★★☆☆

● 機械的に分岐させた導波管を製作することができます。分岐のさせ方により、特徴的な性質が現れます。覚える項目は少なく難易度も低いので、ぜひ得点源にしましょう。

---

1 ▶ E 分岐（E 面分岐）

　E 分岐導波管は、下図のような構造のものです。分岐導波管から入力された TE_{10} 波は、主導波管の左右に同振幅・逆位相で出力されます。E 分岐は、直列分岐と呼ばれることもあります。

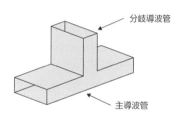

分岐導波管

主導波管

E 分岐導波管

「細い T は左右逆相」で覚えておきましょう。

---

2 ▶ H 分岐（H 面分岐）

　H 分岐導波管は、次ページの図のような構造のものです。分岐導波管から入力された TE_{10} 波は、主導波管の左右に同振幅・同位相で出力されます。H 分岐は、並列分岐と呼ばれることもあります。

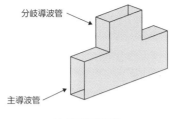

H 分岐導波管

「太い T は左右同相」で覚えておきましょう。

E 分岐と H 分岐を組合せた導波管で、次のような構造です。

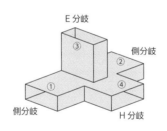

マジック T

マジック T は、次のような特性を持ちます。

・E 分岐導波管から入力された TE_{10} 波は、側分岐に同振幅・**逆位相**で出力されます。

・H 分岐導波管から入力された TE_{10} 波は、側分岐に同振幅・**同位相**で出力されます。

・E 分岐導波管から入力された TE_{10} 波は、H 分岐には**出力されません**。

・H 分岐導波管から入力された TE_{10} 波も、E 分岐には**出力されません**。

4 ▶ 方向性結合器

　方向性結合器は、図のように導波管 2 本を接合したもので、主導波管と副導波管が接している部分に 2 か所、マイクロ波の波長の 1/4 の距離を空けて小穴を設けてあるものです。

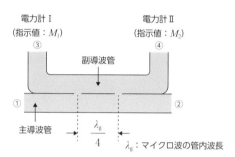

方向性結合器

　主導波管を①→②の方向に伝搬する電磁波は、その一部が副導波管に漏れ出して④の端に伝達されます。ここに接続された電力計Ⅱでは、主導波管を伝搬するマイクロ波に比例した電力が計測されます。

　アンテナなどの不整合によって反射してきたマイクロ波は、主導波管を②→①の方向に伝搬しますが、これに比例した電力は③の端に現れます。ここで、電力計Ⅰと電力計Ⅱの値の比から、電力反射係数 M_1/M_2 を求めることができるわけです。電圧反射係数を求める場合は、電力が電圧の 2 乗に比例することを利用して、

公式 ▶▶▶

$$電圧反射係数 = \sqrt{\frac{M_1}{M_2}}$$

として求めることができます。

方形導波管3本をY形に接合し、中心にフェライト磁石を配置したものです。ポート①から入力されたマイクロ波は、強力な磁界により進路を曲げられてポート②に伝わります。ポート②から入力されたマイクロ波はポート③へ、そしてポート③から入力されたマイクロ波はポート①に伝わります。

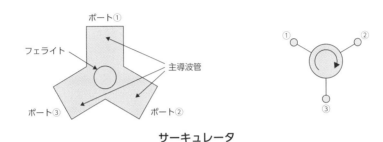

サーキュレータ

ポート①を送信機、ポート②をアンテナ、ポート③を受信機に接続することにより、送信波が直接受信回路に回り込むことなく、レーダーアンテナを送受信で共用することができるようになります。

✓ 頻出項目をチェック！

1 ☐ E分岐導波管から入力された TE_{10} 波は、主導波管の左右に同振幅・逆位相で出力される。

2 ☐ H分岐導波管から入力された TE_{10} 波は、主導波管の左右に同振幅・同位相で出力される。

3 ☐ マジックTは、E分岐とH分岐を組合せた導波管で、E分岐導波管から入力された TE_{10} 波は、H分岐には出力されず、側分岐に同振幅・逆位相で出力される。

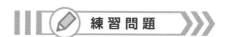

練習問題

Lesson 02

分岐導波管

問1 T形分岐回路

令和4年6月期 「無線工学 午後」問6

次の記述は、図に示すT形分岐回路について述べたものである。このうち誤っているものを下の番号から選べ。ただし、電磁波はTE_{10}モードとする。

1 図1に示すT形分岐回路は、E面分岐又は直列分岐ともいう。

2 図1において、TE_{10}波が分岐導波管から入力されると、主導波管の左右に等しい大きさで伝送される。

3 図2に示すT形分岐回路は、H面分岐又は並列分岐ともいう。

4 図2において、TE_{10}波が分岐導波管から入力されると、主導波管の左右の出力は逆位相となる。

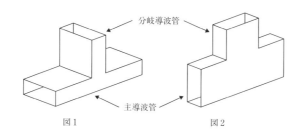

分岐導波管

主導波管

図1　　　　　図2

解答 4

図1のE分岐は、主導波管の左右に等しい大きさ・逆位相で伝送され、図2のH分岐は、主導波管の左右に等しい大きさ・同位相で伝送されます。

問2 マジックT

令和3年6月期 「無線工学 午前」問6

次の記述は、図に示すマジックTについて述べたものである。このうち誤っているものを下の番号から選べ。ただし、電磁波はTE_{10}モードとする。

1 TE_{10}波を③（E分岐）から入力すると、①と②（側分岐）に逆位相で等分されたTE_{10}波が伝搬する。

2 TE_{10}波を④（H分岐）から入力すると、①と②（側分岐）に逆位相

で等分された TE_{10} 波が伝搬する。

3　マジック T は、インピーダンス測定回路などに用いられる。

4　④（H 分岐）から入力した TE_{10} 波は、③（E 分岐）へは伝搬しない。

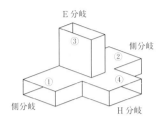

E 分岐

③

側分岐

②

①

④

側分岐

H 分岐

解答　2

H 分岐から入力された信号は、側分岐に同位相・同振幅で等分されます。この不思議な形の導波管は、インピーダンス測定回路に良く使用されています。

問3 サーキュレータ　　　令和 2 年 2 月期 「無線工学　午後」問 6

次の記述は、図に示すサーキュレータについて述べたものである。このうち誤っているものを下の番号から選べ。

1　端子①からの入力は端子②へ出力され、端子②
　からの入力は端子③へ出力される。

2　端子①へ接続したアンテナを送受信用に共用す
　るには、原理的に端子②に受信機を、端子③に
　送信機を接続すればよい。

3　フェライトを用いたサーキュレータでは、これ
　に静磁界を加えて動作させる。

4　3 個の入出力端子の間には互に可逆性がある。

①　②

③

解答　4

サーキュレータにおいて、信号は①→②・②→③・③→①と伝わる性質を持っていますから、3 個の入出力端子を入れ替えると想定とは異なる動作となってしまいますので、可逆性はありません。

問**4** 方向性結合器

次の記述は、導波管回路に用いられる方向性結合器について述べたものである。
□ 内に入れるべき字句の正しい組合せを下の番号から選べ。

(1) 方向性結合器は、図に示すように主導波管に隣接して副導波管を結合させ、その共通壁上に、管内波長の □ A □ だけ隔てた大きさの等しい二つの孔（結合孔）を開けたものである。

(2) 主導波管の右方向へ進行波電力が、左方向に反射波電力が伝送されているとき、副導波管の出力①には、□ B □ に比例した電力が、また、副導波管の出力②には、□ C □ に比例した電力が得られる。

	A	B	C
1	1/4	進行波電力	反射波電力
2	1/4	反射波電力	進行波電力
3	1/2	進行波電力	反射波電力
4	1/2	反射波電力	進行波電力

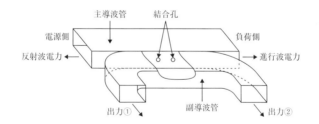

解答 2

方向性結合器は主導波管に隣接して副導波管を結合させ、その共通壁上に管内波長の 1/4 だけ隔てた大きさの等しい二つの孔（結合孔）を開けたものです。
主導波管の右方向へ進行波電力が、左方向に反射波電力が伝送されているとき、副導波管の出力①には、反射波電力に比例した電力が、また、副導波管の出力②には、進行波電力に比例した電力が得られます。

Lesson 03 マイクロ波用電子管

> **学習のポイント**　　　　　　　　　　重要度 ★★★★★
>
> ● マイクロ波用の電子管（真空管）として、マグネトロンと進行波管が
>   ときどき出題されています。出題内容はとても簡単ですから、得点源
>   にしてしまいましょう。

1 マグネトロン

　マグネトロンは、電子レンジの電磁波
発生源として非常に広く使われている電
子管の一種です。無線通信の世界では、
パルスレーダーの送信用として多く使用
されています。

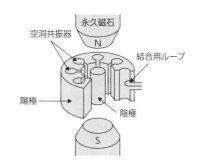

マグネトロンの特徴

> ・中心電極の周囲に、多くの共振洞を持った構造。
> ・強力な磁石（マグネット）と電界により、半導体では実現できない強力なマイク
> 　ロ波を発振する。

　試験では、その構造から名称を問う問題や、基本的な動作原理を問う問題が出
題されることが多いようです。

2 進行波管

　進行波管も電子管の一種で、らせん状に配置された筒内に強力な電界を発生さ
せ、この中にマイクロ波を通すことで進行波を速度変調し、増幅して出力側の導

波管から取り出せるようにしたものです。マイクロ波帯で大電力を扱える半導体素子は少ないため、人工衛星向けのマイクロ波回線における電力増幅用素子として用いられています。

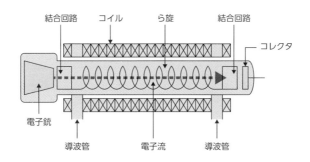

結合回路　コイル　ら旋　結合回路
コレクタ
電子銃
導波管　電子流　導波管

3 反射形クライストロン

　反射形クライストロンは、空洞共振器によって**マイクロ波を発生**させる電子管の一種です。カソードから放出された電子は加速電圧によって加速されますが、グリッド（格子）の先で**反射電極（リペラ）**によって反射されて逆方向に押し戻されます。このようにして、空洞共振器にエネルギーが集約され、空洞内で共振することでマイクロ波を発生させることができます。なお、反射形クライストロンはマイクロ波の**発振装置**として使われますが、**直進形クライストロンは増幅用**として用いられます。

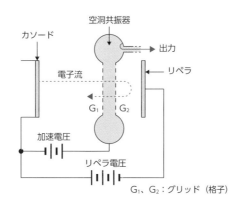

カソード
空洞共振器
出力
電子流
リペラ
G_1　G_2
加速電圧
リペラ電圧
G_1、G_2：グリッド（格子）

近年、クライストロンの出題はほとんどなく、マグネトロンと進行波管に関する出題が主です。簡単な知識問題ですから、出題されたらミスなく正答できるようにしましょう。

✔ 頻出項目をチェック！

1 ☐ マグネトロンの主な働きは、レーダーなどで使用されるマイクロ波の<u>発振</u>である。

2 ☐ 進行波管の主な働きは、マイクロ波の<u>増幅</u>である。

3 ☐ 反射形クライストロンは、主としてマイクロ波の<u>発振装置</u>として用いられる。

ゴロ合わせで覚えよう！ ▶ マグネトロンの特徴

マグロは　マイ　　はしで
（マグネトロン）（マイクロ波）（発振）

<u>マグネトロン</u>は、中心電極の周囲に、多くの共振洞を持った構造で、強力な<u>マイクロ波</u>を発振する。

マイクロ波用電子管

[問1] 電子管の特徴

令和 4 年 6 月期　「無線工学　午後」問 5

次の記述は、図に示す原理的な構造の電子管について述べたものである。□
内に入れるべき字句の正しい組合せを下の番号から選べ。

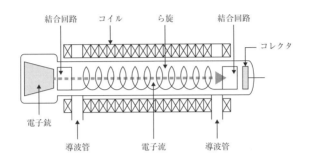

(1)　名称は、□A□である。

(2)　高周波電界と電子流との相互作用によりマイクロ波の増幅を行う。
　　また、空洞共振器が□B□ので、広帯域の信号の増幅が可能である。

	A	B
1	クライストロン	ない
2	クライストロン	ある
3	マグネトロン	ある
4	進行波管	ない
5	進行波管	ある

解答　4

進行波管は、周波数特性を持つ共振部分を持っていないため、マイクロ波帯の幅
広い周波数に対して増幅効果を持つという大きな特徴があります。

次の記述は、図に示す原理的な構造の電子管について述べたものである。□□内に入れるべき字句の正しい組合せを下の番号から選べ。

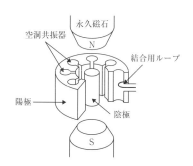

(1) 各称は、│ A │である。

(2) 主な働きは、レーダーなどで使用されるマイクロ波の│ B │である。

	A	B
1	マグネトロン	発振
2	マグネトロン	増幅
3	進行波管	発振
4	進行波管	増幅

解答 1

これはマグネトロンの基本的な構造です。空洞共振器と陰極は金属製で、空洞共振器側をプラス、陰極側がマイナスとした高電圧が印加されています。無線通信分野ではレーダーのパルス発振器として用いられますが、一般家庭の電子レンジも同じ原理で強力なマイクロ波を発生させています。

過去には、マグネトロンの構造図が示され、中心電極と空洞共振器のどちらが陽極・陰極であるかを問う出題がありました。近年出題頻度は少ないですが、念のため押さえておきましょう。

Lesson 04　dB と S/N 比

学習のポイント　　　　　　　重要度 ★★★★★

● 通信とは、時間的に変化する信号、すなわち交流信号を遠隔地に届けることです。電気通信の世界では、電圧や電流、電力のほかに独自の尺度を用いるので、慣れておく必要があります。

1　情報信号の表し方

　電気通信は、その名のとおり電気を使った通信です。電気の大きさを表す尺度として電圧と電流の二つが挙げられますが、無線通信の場合は、電圧×電流で求められる電力を使って信号の大きさを表します。

　電力の単位は、通常ワット〔W〕や、その 1/1000 の単位であるミリワット〔mW〕などを用いますが、電気通信の世界では、慣例としてデシベル〔dB〕値を良く用います。したがって、dB 計算については十分習熟しておく必要があります。

2　dB（デシベル）値

1　dB の定義

　電力の単位ワット〔W〕は、電圧×電流で求められる値で、仕事率の次元を持っています。しかし、デシベルは 2 つの値（電力や電圧・電流）の比率を表す値で、無次元数です。デシベルの定義は次のとおりです。

デシベルの定義〜基準電力 P_1 に対して、電力値 P_2 の dB 値を求める場合〜

P_2 が P_1 の何倍かという倍数（P_2/P_1）を求め、その値が 10 の何乗であるかを求める。その値をさらに 10 倍したものを dB 値と呼ぶ。数式で表すと、

$$X \text{〔dB〕} = 10\log_{10}\frac{P_2}{P_1}$$

なんだか難しそうですが、具体例で考えると簡単です。例題をみてみましょう。

例題

1W に対する 100W の dB 値を求めよ。

解答

基準電力 P_1 に対して、電力値 P_2 の dB 値を求める場合のデシベルの定義は、「P_2 が P_1 の何倍かという倍数 P_2/P_1 を求め、その値が 10 の何乗であるかを求め、その値をさらに 10 倍したものを dB 値と呼ぶ」ということですから、例題の値を代入します。$P_2/P_1 = 100 \div 1 = 100$ なので、倍数は「100」倍です。100 は 10 の「2」乗です。「2」乗をさらに 10 倍すると「20」になります。したがって、答えは + 20dB となります。

同様に、1W に対する 1kW は、$1{,}000 \div 1 = 1{,}000$ なので、倍数は「1,000」。1,000 は 10 の「3」乗。さらに 10 倍して「30」で、答えは + 30dB です。10kW は + 40dB、0.1W は − 10dB となります。

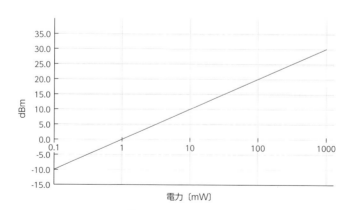

W 数と dB の関係の数直線の図

2　dB で表した電力値

p.91 の定義からも分かるように、dB は、基準の電力に対してある電力が何倍（何分の 1）であるか、という倍率を表す指標です。無線通信の世界では、通常 1mW を基準（= 0dB）とした dB 値を使って表現することが多く、この場合 dBm という記号を用います。1μW が基準であれば dBμ、1W が基準であれば dBW のように表記します。

3　電圧や電流比の dB 表現

電力以外にも、電圧や電流の比を dB で表現することができますが、この場合は、電力の比を dB 表現した値のさらに 2 倍の値が dB 値となります。これも具体例で示します。

例題

1mV に対する 1V（1,000mV）の dB 値を求めよ。

解答

1,000 ÷ 1 = 1,000 なので、倍数は「1,000」倍です。1,000 は 10 の「3」乗です。「3」乗をさらに 10 倍すると「30」、そしてさらに 2 倍して「60」になります。したがって、+ 60dB と求まります。

電力の場合と同じく、1mV を基準とした dB 値は dBmV、1μV を基準とした dB 値は dBμV と表現します。次ページに、V 数と dB の関係の数直線の図を記します。

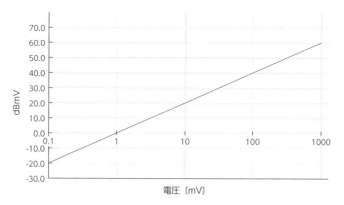

V 数と dB の関係の数直線の図

dB 計算で覚えておくとよいことは、次の 3 つ
だけです。

dB 計算の 3 つのポイント

①電力 2 倍＝ 3dB、電力 10 倍＝ 10dB
②電圧 2 倍＝ 6dB、電圧 10 倍＝ 20dB
③真数の掛け算（割り算）は、dB では足し算（引き算）になる

これを用いた計算例を挙げます。
（例 1）電力 5 倍……10 倍して 1/2 すればよいので、＋ 10dB － 3dB ＝＋ 7dB
（例 2）電圧 8 倍………2 倍× 2 倍× 2 倍なので、
　　　　＋ 6dB ＋ 6dB ＋ 6dB ＝＋ 18dB
（例 3）電力 160 倍………2 倍× 2 倍× 2 倍× 2 倍× 10 倍なので、
　　　　＋ 3dB ＋ 3dB ＋ 3dB ＋ 3dB ＋ 10dB ＝＋ 22dB
（例 4）電圧 1/250 倍……1/1,000 × 2 倍× 2 倍なので、
　　　　－ 60dB ＋ 6dB ＋ 6dB ＝－ 48dB

4 S/N 比

　電気信号を使って情報を伝える場合、どんな通信形態であろうとも、伝送途中に必ず雑音信号が混入し、信号が劣化します。遠方に行くほど信号は弱くなる一方、雑音はどんどん増えますから、**信号と雑音の比率は信号の品質として重要な尺度**といえます。

　信号電力と雑音電力（または信号電圧と雑音電圧）の比を *S/N* 比（*SNR* のように表記することもあります）と呼び、dB 値で表現されることが一般的です。

例題

信号電力が 100mW で、そこに含まれている雑音電力が 1mW の場合の *S/N* 比は？

解答

100 ÷ 1 = 100 なので、倍数は「100」倍。100 は 10 の「2」乗。「2」乗をさらに 10 倍すると「20」。したがって、*S/N* 比は **20dB** となります。

増幅回路では、入力信号に含まれる雑音も一緒に増幅されるほか、増幅回路内で新たに雑音が加わります。この度合いを NF（Noise Figure）と呼び、小さいほうが高性能な増幅器です。NF の値は、入力信号の *S/N* を出力信号の *S/N* 比で割って求めることができます。

公式 ≫

$$\mathrm{NF} = 10\log_{10}\left(\frac{\text{入力 } S/N \text{ 比}}{\text{出力 } S/N \text{ 比}}\right)$$

問1 デシベルを用いた計算　　　　　　　令和4年2月期 「無線工学 午前」問4

次の記述は、デシベルを用いた計算について述べたものである。このうち誤っているものを下の番号から選べ。ただし、$\log_{10}2 = 0.3$ とする。

1　電圧比で最大値から6〔dB〕下がったところの電圧レベルは、最大値の1/2である。

2　出力電力が入力電力の160倍になる増幅回路の利得は22〔dB〕である。

3　1〔μV/m〕を0〔dBμV/m〕としたとき、0.2〔mV/m〕の電界強度は46〔dBμV/m〕である。

4　1〔mW〕を0〔dBm〕としたとき、4〔W〕の電力は36〔dBm〕である。

5　1〔μV〕を0〔dBμV〕としたとき、0.8〔mV〕の電圧は52〔dBμV〕である。

解答　5

電力比の dB 値と電圧比の dB 値が混在しているので注意します。0.8mV = 800μV であることを前提として考えます。1〔μV〕を基準の0〔dBμV〕としているので、10〔μV〕が20〔dBμV〕、100〔μV〕が40〔dBμV〕、200〔μV〕が46〔dBμV〕、400〔μV〕が52〔dBμV〕、800〔μV〕が58〔dBμV〕と計算されます（dB 計算については➡ p.93 ~ 94 参照）。

問2 増幅回路の雑音指数　　　　　　平成24年10月期 「無線工学 午前」問10

増幅回路の雑音指数 F（真数）を表す式として、正しいものを下の番号から選べ。ただし、増幅回路の入力端における有能信号電力及び有能雑音電力を Si〔W〕、Ni〔W〕、出力端における有能信号電力及び有能雑音電力を So〔W〕、No〔W〕、有能電力利得を G（真数）とする。

$$1 \quad F = \frac{Si\,/Ni}{So/No} \qquad 2 \quad F = \frac{So/No}{Si\,/Ni} \qquad 3 \quad F = \frac{G\,Ni}{No}$$

$$4 \quad F = \frac{Ni}{G\,No} \qquad 5 \quad F = \frac{Ni\,/No}{Si\,/So}$$

解答 1

増幅回路の雑音指数は、入力の S/N 比を出力の S/N 比で割って求めることができます。

問3 増幅回路の雑音指数　　　　　　　　平成24年10月期　「無線工学　午後」問10

増幅回路の雑音指数 F（真数）を表す式として、正しいものを下の番号から選べ。ただし、増幅回路の入力端における有能信号電力及び有能雑音電力を Si〔W〕、Ni〔W〕、出力端における有能信号電力及び有能雑音電力を So〔W〕、No〔W〕、有能電力利得を G（真数）とする。

$$1 \quad F = \frac{Si\,/So}{Ni\,/No} \qquad 2 \quad F = \frac{So/No}{Si\,/Ni} \qquad 3 \quad F = \frac{No}{G\,Ni}$$

$$4 \quad F = \frac{G\,Ni}{No} \qquad 5 \quad F = \frac{Ni\,/No}{Si\,/So}$$

解答 3

増幅器の電力利得を G とすると、$G\,Ni$ が入力信号中の雑音が増幅された結果の値です。出力信号に含まれる**雑音電力** No を $G\,Ni$ で割った値により、増幅器内部で新たに追加された雑音成分との比が求まります。

問4 雑音指数　　　　　　　　　　　　平成23年6月期　「無線工学　午後」問4

次の記述は、雑音指数について述べたものである。このうち正しいものを下の番号から選べ。

1　連続して存在する雑音の一定時間内の平均的レベルをいう。

2 雑音の電力がある温度の抵抗体が発生する熱雑音の電力に等しいとき、その抵抗体の温度をいう。

3 低雑音増幅回路の入力に許容される雑音の程度を示す値をいう。

4 自然雑音、人工雑音などで空間に放射されている電波雑音の平均強度をいう。

5 増幅回路や四端子網において、入力の信号対雑音比 $(S/N)_{IN}$ を出力の信号対雑音比 $(S/N)_{OUT}$ で割った値 $(S/N)_{IN}/(S/N)_{OUT}$ をいう。

解答 5

定義のとおりです。

問5 送信側の電力の値 平成 17 年 2 月期 「無線工学 午後」問 20

マイクロ波通信において、送信及び受信アンテナ系の利得がそれぞれ 35 〔dB〕、自由空間伝搬損失が 150 〔dB〕、受信機の入力換算雑音電力が − 130 〔dBW〕であるとき、受信側の信号対雑音比 (S/N) 30 〔dB〕を得るために必要な送信側の電力の値として、正しいものを下の番号から選べ。ただし、1 〔W〕を 0 〔dBW〕とする。

1 0.3 〔mW〕

2 1.5 〔mW〕

3 3.5 〔mW〕

4 10 〔mW〕

5 1.5 〔W〕

解答 4

入力換算雑音電力が − 130dBW で信号対雑音比が 30dB ということは、受信電力は − 100dBW だと分かります。送受信アンテナの利得を合計すると 70dB、自由空間伝搬損失が 150dB ということは、差し引きすると − 80dB となり、「送信電力を − 80dB したら − 100dBW になった」ということが求まります。したがって送信電力は − 20dBW です。「1W に対して − 20dB」ということは、小数点方向にゼロを 2 つ移動させればよいので、0.01 〔W〕= 10 〔mW〕が正解となります。

Lesson 05　dB を用いた応用計算

学習のポイント　　　　　　　　　重要度 ★★★★☆

● dB は、単に電圧や電力の値を表すだけでなく、増幅や減衰を繰り返した場合の総合利得値の計算にも使われます。少し慣れが必要ですが、できればマスターしておきたいものです。

1　増幅度・減衰度と dB 値

　送信機から受信機に至るまでの高周波信号は、増幅回路で増幅されることもあれば、伝搬途中で減衰することもあります。この増幅と減衰の収支を計算するために dB 値を用います。

> ・増幅回路や高性能アンテナによる利得………dB を加算
> ・同軸ケーブルや伝搬路などでの減衰…………dB を減算

　一陸特の計算問題のうち、どうしても dB 計算はとっつきにくい印象を受けるため苦手とする人が多いと思いますが、コツをつかんでしまえば単純な加減計算で求めることができますから、例題を通じて計算方法をマスターしておくと有利です。

2　伝搬路での減衰量

　例えば、1km あたり 3dB 減衰する伝送路があったとします。これは、1km あたり電力比で半分になることを意味します（1/2 倍は－3dB）。したがって 2km で 1/4、3km で 1/8、…と減衰していくことになります。これを dB で表すと、1km で－3dB、2km で－6dB、3km で－9dB、…というように、1km 当たりの減衰量に伝送距離を掛けた dB 値が全体での減衰量となることが分かります。

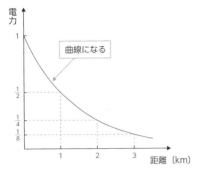

伝搬路での減衰（縦軸に電力の真数）

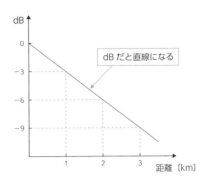

伝搬路での減衰（縦軸に電力の dB 値）

---

3 電力と電圧が混在した場合の dB 値計算

「ある電力で送信したところ、受信点での電界強度が何〔V/m〕となった」というような出題がたまに見られます。この場合、送信側が電力の dB 値、受信側が電圧の dB 値となりますが、送信側の dB 値と受信側の dB 値を単純に加算することで、総合的な利得や減衰量を計算することができます。

例題

高利得アンテナを基準アンテナと比較したところ、送信電力を半分にしたのに受信点での電界強度が 2 倍になった。アンテナの利得は何 dB か。

解答

電力半分は − 3dB、電界強度 2 倍は ＋ 6dB。つまり、「入力を − 3dB したのに、出力は比較前に比べて＋ 6dB 上昇した」ことになるので、アンテナの利得は 3 ＋ 6 ＝ 9dB。

dB を用いて計算すれば、単純な足し算で計算できることが分かります。

問1 送信機の出力電力の値　　　　令和3年10月期　「無線工学　午後」問23

図に示すように、送信機の出力電力を 15〔dB〕の減衰器を通過させて電力計で測定したとき、その指示値が 50〔mW〕であった。この送信機の出力電力の値として、最も近いものを下の番号から選べ。ただし、$\log_{10} 2 = 0.3$ とする。

1　375〔mW〕

2　800〔mW〕

3　1,000〔mW〕

4　1,250〔mW〕

5　1,600〔mW〕

```
送信機 → 減衰器 → 電力計
```

解答 5

15dB 減衰した結果が 50mW ということから、15dB の減衰度を求めれば答えが求まります。3dB が2倍、6dB が4倍、9dB が8倍、12dB が16倍、15dB が32倍、…ということから、「32分の1に減衰したら 50mW となる電力」と求めればよいので、50〔mW〕× 32 = 1,600〔mW〕と求まります。

問2 送信機の出力電力の値　　　　令和4年6月期　「無線工学　午後」問17

半波長ダイポールアンテナに対する相対利得が9〔dB〕の八木・宇田アンテナ（八木アンテナ）から送信した最大放射方向にある受信点の電界強度は、同じ送信点から半波長ダイポールアンテナに2〔W〕の電力を供給し送信したときの、最大放射方向にある同じ受信点の電界強度と同じであった。このときの八木・宇田アンテナ（八木アンテナ）の供給電力の値として、最も近いものを下の番号から選べ。ただし、アンテナの損失はないものとする。また、$\log_{10} 2 = 0.3$ とする。

1　0.1〔W〕

2　0.125〔W〕

3　0.25〔W〕

4　0.5〔W〕

5　1.0〔W〕

解答　3

八木・宇田アンテナが 9dB の利得を持つということは、送信電力を－ 9dB 落とした状態でも半波長ダイポールアンテナと同じ電界強度が得られることを意味します。したがって、2W の電力の－ 9dB を求めればよいことになります。電力比 2 倍が 3dB ですから、－ 3 － 3 － 3 ＝－ 9 より、（1/2）×（1/2）×（1/2）＝ 1/8 となり、2〔W〕÷ 8 ＝ 0.25〔W〕と求まります。

問3 電力増幅度の値　　　　　　　　平成 30 年 10 月期　「無線工学　午後」問 23

図に示す増幅器の利得の測定回路において、切換えスイッチ S を①に接続して、レベル計の指示が 0〔dBm〕となるように信号発生器の出力を調整した。次に減衰器の減衰量を 15〔dB〕として、切換えスイッチ S を②に接続したところ、レベル計の指示が 8〔dBm〕となった。このとき被測定増幅器の電力増幅度の値（真数）として、最も近いものを下の番号から選べ。ただし、信号発生器、減衰器、被測定増幅器及び負荷抵抗は整合されており、レベル計の入力インピーダンスによる影響はないものとする。また、1〔mW〕を 0〔dBm〕、$\log_{10} 2 = 0.3$ とする。

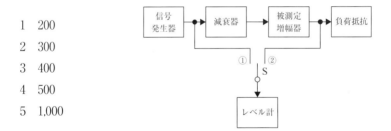

　　1　200
　　2　300
　　3　400
　　4　500
　　5　1,000

解答　1

題意より、信号発生器の出力は 0dBm であることが分かります。また、「－ 15dB ＋被測定増幅器の利得」を足した値は、信号発生器の出力よりも＋ 8dB 増加していることが分かります。以上より、被測定増幅器の利得は＋ 23dB であることが分かります。出題では、この被測定増幅器の利得の真数値を聞いていますから、+20dB ＝ 100 倍、それに 3dB ＝ 2 倍を掛けた 200 倍が答えと求まります。

問4 電力増幅度の値   平成 30 年 10 月期 「無線工学 午前」問 23

図に示す増幅器の利得の測定回路において、レベル計の指示が 0〔dBm〕となる
ように信号発生器の出力を調整して、減衰器の減衰量を 16〔dB〕としたとき、
電圧計の指示が 0.71〔V〕となった。このとき被測定増幅器の電力増幅度の値（真
数）として、最も近いものを下の番号から選べ。ただし、信号発生器、減衰器、
被測定増幅器及び負荷抵抗は整合されており、レベル計及び電圧計の入力イン
ピーダンスによる影響はないものとする。また、1〔mW〕を 0〔dBm〕、$\log_{10} 2$
= 0.3 とする。

1　50
2　100
3　200
4　400
5　1,000

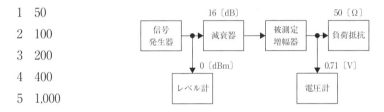

解答　4

負荷抵抗 50 Ω に対して 0.71V ということは、$P = E^2/R$ より $(0.71)^2/50 \fallingdotseq 1/100$ で、
約 0.01W = 10mW、つまり 1mW の 10 倍ですから + 10dBm であることが分か
ります。したがって、「減衰器＋被測定増幅器を通った結果、0dBm の信号が＋
10dBm になった」ことより、被測定増幅器の電力増幅度を AdB とすると、

$$- 16〔dB〕+ A〔dB〕= + 10〔dB〕$$

$$\downarrow$$

$$A = + 10 + 16 = + 26$$

となり、増幅度は＋ 26dB と求まります。＋ 10dB が 10 倍、＋ 20dB が 100 倍、
＋ 23dB が 200 倍、＋ 26dB が 400 倍ということより、答えは選択肢 4 と求ま
ります。

無線局の送信アンテナに供給される電力が 25 〔W〕、送信アンテナの絶対利得が 41 〔dB〕のとき、等価等方輻射電力（EIRP）の値として、最も近いものを下の番号から選べ。ただし、等価等方輻射電力 P_E 〔W〕は、送信アンテナに供給される電力を P_T 〔W〕、送信アンテナの絶対利得を G_T（真数）とすると、次式で表されるものとする。また、1 〔W〕を 0 〔dBW〕とし、$\log_{10} 2 = 0.3$ とする。

$$P_E = P_T \times G_T \ \text{〔W〕}$$

    1　66 〔dBW〕

    2　61 〔dBW〕

    3　58 〔dBW〕

    4　55 〔dBW〕

    5　53 〔dBW〕

解答　4

25W の電力を、1W 基準の dB 値に変換し、それにアンテナの利得 41dB を足せば求まります。10W が＋10dBW、100W が＋20dBW、そしてそこから半分半分にしていけば 25W の電力の dB 値が求まります（100W の半分は 50W、その半分が 25W なので）。100W の +20dB を半分にすると 50W で＋17dBW（20dB − 3dB）、さらにその半分の 25W は＋14dBW（17dB − 3 dB）となり、25W の電力を dB 値に変換した値は 14dBW になります。これに利得 41dB を足すので、14 + 41 = 55 〔dBW〕と計算することができます。

半分は 1/2 倍ですから、電力利得は− 3dB になりますね。

Lesson 06　各種の半導体素子

> **学習のポイント**　　　　　　重要度 ★★★★☆
>
> ● 電源回路や発振回路などに用いられる半導体の特徴と基本的な構造、名称などについて出題されることがあります。数は多くないので覚えておきたいものです。

1　半導体

　半導体は、シリコンやガリウムヒ素などの 4 価の元素を指します。100 ％純粋な結晶を真性半導体と呼びます。

　真性半導体に対して、不純物として 5 価の元素（ドナー）を添加して電子を意図的に過剰にした N 形半導体と、3 価の元素（アクセプタ）を添加して電子を意図的に不足させた P 形半導体を作成することができます。N 形半導体では、主に余剰電子が電流を運ぶ担い手となるため（図中❶）、多数キャリアは余剰電子です。P 形半導体は、電子不足によって発生した結合の穴が電流を運ぶ担い手として作用するため（図中❷）、多数キャリアは正孔（ホールとも呼ばれる）です。

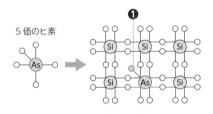

N 形半導体の例

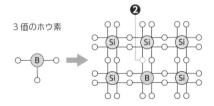

P 形半導体の例

　これらを組合せることで、電流を一方向にのみ流す整流作用や発光作用、光検出作用、発電作用、そして増幅やスイッチングなどの作用を行わせることができます。代表的な半導体素子について、その名称と構造、使用目的などをまとめておきましょう。

1 整流用ダイオード・信号用ダイオード

　半導体素子の基本は、整流用ダイオードや信号用ダイオードです。両者の違い
は逆耐電圧や許容電流の大きさで、整流用は**高電圧・大電流**に耐えるように作っ
てあり、信号用は低電圧・小電流用です。両者とも、ダイオードの性質の基本で
ある「P形半導体からN形半導体の方向に電流が流れ、逆方向には**電流が流れ
ない**」という性質を利用したものです。電流が流れる方向の電圧を**順バイアス**、
流れない方向の電圧を**逆バイアス**と呼び、P形側をアノード（A）端子、N形側
をカソード（K）端子と呼びます。回路記号は、矢印と横棒を組合せた記号です。

ダイオード模式図　　　　　　　　　　ダイオード図記号

2 定電圧ダイオード（ツェナーダイオード）

　PN接合ダイオードに逆バイアスをかけると、ある一定の電圧を超えたところ
で急激に大電流が流れるようになります。これを**降伏現象**と呼んでいますが、こ
の時の電圧がほぼ**一定**になることを利用し、一定の電圧を得ることを目的として
作られたダイオードです。一定の電源電圧を作り出す目的のほか、過電圧から回
路を保護するために使用されることもあります。

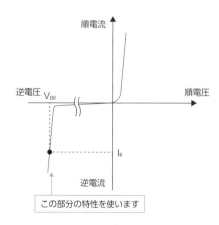

ツェナーダイオード

3　可変容量ダイオード（バラクタダイオード）

　ダイオードに逆バイアスをかけて使うと、その電圧によって PN 接合間の静電容量が変化することを積極的に利用するために作られたものです。電圧制御発振器（VCO）の可変インダクタンス用などに用いられています。

4　エサキダイオード（トンネルダイオード）

　ノーベル賞受賞者の江崎玲於奈博士が発明したダイオードで、半導体に P 形・N 形の性質を持たせるために導入する不純物の濃度を高めたものです。このようにすると、順バイアス時の電圧－電流特性に負性抵抗領域（電圧を上げたのに電流が減少する特性）が現れ、この性質を利用して高周波の発振などを行うことができるというものです。

5　ガンダイオード

　GaAs（ガリウムヒ素）などの N 形半導体のみで作られるダイオードで、素子に与える電圧を上げていくと、エサキダイオードに似た負性抵抗領域が現れることで、マイクロ波の発振作用が起こるというものです。出力は小さいですが、極めて周波数の高いマイクロ波が直接得られるため、マイクロ波を利用する装置の局部発振回路用として多く用いられています。

6　発光ダイオード（LED）

　いまや白熱電球や蛍光灯に代わる照明源として広く普及したもので、発光ダイオードとも呼ばれます。順バイアス電流を流したとき、PN 接合面で光が発生する現象を利用したものです。

7　フォトダイオード

　PN 接合面付近に光が入るような構造として、光が当たると電流が流れるようにすることができます。光検出用として用いられます。バイアス電源なしか、逆バイアスを掛けて使用します。

8　サイリスタ

　サイリスタは、PNPN 構造の 3 端子素子で、ダイオードと同様にアノード（A）とカソード（K）があり、その他にゲート（G）端子が備わっています。A － K

Lesson 06

各種の半導体素子

端子間は、通常は電流が流れませんが、G 端子に電流を流すと A − K 端子間が
ダイオードと同じような性質を持つ、という素子です。つまり、G 電流によって
動作をスイッチングすることができるダイオードとして働くため、電力制御用素
子として広く利用されています。

A —————▷◁——— K

G

サイリスタ

✓ 頻出項目をチェック！

1 ☐ トンネルダイオードは、一般のダイオードよりも不純物の濃度を高めたも
ので、順方向の電圧—電流特性にトンネル効果による負性抵抗特性を持つ。

2 ☐ ガンダイオードは、GaAs（ガリウムヒ素）等の化合物半導体で構成され、
バイアス電圧を加えるとマイクロ波の発振を起こす。

3 ☐ サイリスタは、PNPN 構造を持ち、アノード・カソード・ゲートの 3 端子
を持つスイッチング素子である。

✎ 練習問題 ⟫⟫⟫

問1 サイリスタ　　　　　　　　　　　令和 4 年 6 月期 「無線工学　午前」問 22

次の記述は、図に示す図記号のサイリスタについて述べたものである。□□□ 内
に入れるべき字句の正しい組合せを下の番号から選べ。

(1) P 形半導体と N 形半導体を用いた │ A │ 構造からなり、アノード、
│ B │ およびゲートの三つの電極がある。

(2) 導通（ON）及び非導通（OFF）の二つの安定状態をもつ　C　素
子である。

	A	B	C
1	PNP	ドレイン	増幅
2	PNP	カソード	スイッチング
3	PNP	カソード	増幅
4	PNPN	カソード	スイッチング
5	PNPN	ドレイン	増幅

図記号

Lesson
06

各種の半導体素子

解答　4

サイリスタは、PNPN 構造を持ち、アノード・カソード・ゲートの 3 端子を持つスイッチング素子です。

問2 トンネルダイオード　　　　　令和 4 年 2 月期 「無線工学　午後」問 5

次の記述は、トンネルダイオードについて述べたものである。□□内に入れるべき字句の正しい組合せを下の番号から選べ。

(1) トンネルダイオードは、不純物の濃度が一般の PN 接合ダイオードに比べて　A　P 形半導体と N 形半導体を接合した半導体素子で、江崎ダイオードともいわれている。

(2) トンネルダイオードは、その　B　の電圧 – 電流特性にトンネル効果による負性抵抗特性を持っており、応答特性が速いことを利用して、マイクロ波からミリ波帯の発振に用いることができる。

	A	B
1	低い	順方向
2	低い	逆方向
3	高い	順方向
4	高い	逆方向

解答　3

トンネルダイオードは、不純物の濃度を一般のダイオードよりも高くしたもので、順方向の電圧 – 電流特性にトンネル効果による負性抵抗特性を持っています。

109

ガンダイオードについての記述として、正しいものを下の番号から選べ。

1 一定値以上の逆方向電圧が加わると、電界によって電子がなだれ現象を起こし、電流が急激に増加する特性を利用する。

2 GaAs（ガリウムヒ素）などの化合物半導体で構成され、バイアス電圧を加えるとマイクロ波の発振を起こす。

3 逆方向バイアスを与え、このバイアス電圧を変化させると、等価的に可変静電容量として働く特性を利用する。

4 電波を吸収すると温度が上昇し、抵抗の値が変化する素子で、電力計に利用される。

解答 2

選択肢1は定電圧ダイオード、選択肢3はバラクタダイオード、選択肢4はサーミスタについての記述です。

次の記述は、半導体及び半導体素子について述べたものである。このうち正しいものを下の番号から選べ。

1 ホトダイオードは、電気信号を光信号に変換する特性を利用するものである。

2 P形半導体の多数キャリアは、電子である。

3 N形半導体の多数キャリアは、正孔である。

4 PN接合ダイオードは、電流がN形半導体からP形半導体へ一方向に流れる整流特性を有する。

5 不純物を含まないSi（シリコン）、Ge（ゲルマニウム）等の単結晶半導体を真性半導体という。

解答 5

選択肢1は、光信号を電気信号に変換するものです。選択肢2、3は、P型とN型の記述が逆です。選択肢4は、電流はP形半導体からN形半導体に流れます。

Lesson 01　変調方式

> ## 学習のポイント　　　　　　　　　重要度 ★★★★★
>
> ● 無線の電波に、「1」か「0」のデジタル情報を乗せて伝送するデジタル変調により、電波の利用効率が劇的に向上しました。毎回必ず出題される重要な分野です。

1　変調方式

　電波は、非常に高い周波数の交流電気信号です。この電波に信号を乗せるとき、交流波形の何を変化させるかにより、大きく分けると 3 種類の方式が考えられます。

1　振幅変調

　電波の振幅を変えて情報を乗せる方式で、最も古くから利用されています。アナログ情報を乗せる場合は振幅変調 AM（Amplitude Modulation）、デジタル情報を乗せる場合は ASK（Amplitude Shift Keying）と呼ばれます。

　ASK の場合、デジタル情報の「1」を振幅 1、「0」を振幅 0 のように二値で対応させるほか、「11」で振幅 4、「10」で振幅 3、「01」で振幅 2、「00」で振幅 1 のように、振幅値を刻むことで一度に複数のビットを乗せることもできます。しかし、あまり細かく刻みすぎると、伝送途中の雑音などでエラーが発生しやすくなるため、刻みすぎることもできません。

2　周波数変調

　電波の周波数を変えて情報を乗せる方式で、アナログ情報を乗せる場合は周波数変調 FM（Frequency Modulation）と呼び、デジタル情報を乗せる場合は FSK（Frequency Shift Keying）と呼ばれます。FM ラジオなどアナログ音声信号の伝送には広く利用されていますが、デジタル情報の伝送用としては、現在はあまり利用されません。

3 位相変調

電波の位相を変えて情報を乗せる方式で、アナログ情報を乗せる場合は位相変調 PM（Phase Modulation）と呼び、デジタル情報を乗せる場合は PSK（Phase Shift Keying）と呼びます。送信時・受信時とも、デジタル変調と大変相性が良い方式のため、デジタル変調の主流方式として利用されています。

デジタル情報の「1」「0」で位相を 180 度変える方式を BPSK（2PSK）、「11」「10」「01」「00」の 4 値に対して 0 度・90 度・180 度・270 度の位相を割り当てる方式を 4PSK または QPSK と呼びます。さらに細かく 45 度ずつの位相に 3 ビットを割り当てる方式は 16PSK と呼ばれます。

なお、4PSK の場合、位相として「0 度・90 度・180 度・270 度」を割り当てると、位相変化時に原点（振幅がゼロ）を通過してしまうので振幅変化が大きくなってしまうという欠点がありますが、45 度傾けて「45 度・135 度・225 度・315 度」を用いると包絡線変化が滑らかとなり、好ましい結果となります。このように工夫した変調方式を、「45 度シフト 4PSK」または「π /4 シフト 4PSK」などと呼びます。

4 直角位相振幅変調

振幅変調と位相変調を同時に利用したもので、QAM（Quadrature Amplitude Modulation）と呼ばれます。アナログ情報でもデジタル情報でも利用することができますが、現在主流のデジタル変調方式として幅広く利用されています。

「QAM」の「Q」は Quadrature の頭文字で、直交という意味です。

5 変調方式と伝送速度の関係

デジタル情報伝送では、1 秒間に二進数何桁を伝送できるか、という尺度で伝送速度を測定します。単位は bps（Bit Per Second）を用います。一例を挙げると、BPSK では 1 回の変調で「1」「0」の二進数一桁を送ることができるので、1 秒間に 100 回変調すれば 100bps の伝送速度になります。4PSK では、1 回の変調で二進数 2 桁を送ることができますから、1 秒間に 100 回変調すれば 200bps

の伝送速度が得られます。1 秒間の変調回数（変調速度）をシンボルレート、1 秒間に送ることができるビット数をビットレートと呼び、

ビットレート＝（1 回の変調で送れるビット数）×（シンボルレート）

の関係があります。代表的な変調方式と 1 回の変調で送れるビット数の関係を次表に示します。

変調方式	1 回の変調で送れるビット数（シンボル数）
BPSK/2PSK	1 ビット（$2^1 = 2$ 個）
QPSK/4PSK	2 ビット（$2^2 = 4$ 個）
8PSK	3 ビット（$2^3 = 8$ 個）
16PSK・16QAM	4 ビット（$2^4 = 16$ 個）
32QAM	5 ビット（$2^5 = 32$ 個）
64QAM	6 ビット（$2^6 = 64$ 個）
128QAM	7 ビット（$2^7 = 128$ 個）
256QAM	8 ビット（$2^8 = 256$ 個）

代表的な変調方式とシンボル数の関係

ビットレート＝（1 回の変調で送れるビット数）×（シンボルレート）という関係を覚えておきましょう。

頻出項目をチェック！

1 □ BPSK は、1 回の変調で 1 ビット伝送することができるので、シンボル数は 1 ビット、つまり<u>シンボルレート＝ビットレート</u>になる。

2 ☐ QPSK/4PSK は、1 回の変調で 2 ビット（二進数 2 桁）を送ることができ、シンボル数は 4 である。

3 ☐ 8PSK は、1 回の変調で 3 ビット（二進数 3 桁）を送ることができ、シンボル数は 8 である。

4 ☐ 16PSK や 16QAM は、1 回の変調で 16 ビット（二進数 4 桁）を送ることができ、シンボル数は 16 である。

練習問題

問1 シンボルレートとビットレート

令和3年6月期 「無線工学 午後」問9

次の記述は、BPSK 等のデジタル変調方式におけるシンボルレートとビットレートとの原理的な関係について述べたものである。 ☐ 内に入れるべき字句の正しい組合せを下の番号から選べ。ただし、シンボルレートは、1 秒間に伝送するシンボル数（単位は〔sps〕）を表す。

(1) BPSK（2PSK）では、シンボルレートが 5.0〔Msps〕のとき、ビットレートは、 ☐ A ☐〔Mbps〕である。

(2) 16QAM では、ビットレートが 32.0〔Mbps〕のとき、シンボルレートは、 ☐ B ☐〔Msps〕である。

	A	B
1	5.0	8.0
2	5.0	2.0
3	2.5	4.0
4	10.0	4.0
5	10.0	8.0

解答 1

BPSK は、一度の変調で 1 ビットを伝送できます。したがってシンボルレート ＝ビットレートです。16QAM は、一度の変調で 16 点、すなわち二進数 4 桁（16 ビット）を伝送できるため、シンボルレートの 4 倍がビットレートになります。したがって、32 ÷ 4 = 8.0〔Msps〕と求まります。

問2 PSK

次の記述は、PSK について述べたものである。このうち正しいものを下の番号から選べ。

1 2 相 PSK（BPSK）では、"0"、"1" の 2 値符号に対して搬送波の位相に $\pi/2$〔rad〕の位相差がある。

2 4 相 PSK（QPSK）は、16 個の位相点をとり得る変調方式である。

3 $\pi/4$ シフト 4 相 PSK（$\pi/4$ シフト QPSK）では、時間的に隣り合うシンボルに移行するときの信号空間軌跡が必ず原点を通るため、包絡線の変動が緩やかになる。

4 8 相 PSK では、2 相 PSK（BPSK）に比べ、一つのシンボルで 4 倍の情報量を伝送できる。

5 4 相 PSK（QPSK）では、1 シンボルの一つの信号点が表す情報は、"00"、"01"、"10" 及び "11" のいずれかとなる。

解答 5

1 の位相差は π です。2 の 4PSK は、4 個の位相点を取ります。3 の「必ず原点を通る」→「原点を通らない」が正しいです。4 の 8 相 PSK は、8 = 2^3 なので一度の変調で 3 ビット、2PSK は 2 = 2^1 なので 1 ビット、したがって情報量は 3 倍です。

Lesson
02

信号空間ダイアグラム

学習のポイント　　　　　　　　　重要度 ★★★★☆

● 信号空間ダイアグラム図は、前知識が無いとサッパリ意味が分かりま
せんが、理解してしまえば実に単純な内容です。得点源にしてしまい
ましょう。

　PSK方式やQAM方式でデジタル情報を伝送する際、送信される波形の位相(円
周上の、どの点から波形がスタートするか)や振幅の値を平面図にプロットする
ことで、どの状態の波形が二進数のどの値に対応するかを視覚的に表現したもの
を信号空間ダイアグラムと呼んでいます。

1 ▶ 2PSK の信号空間ダイアグラム

　2PSKは、二進数の「1」と「0」を位相差0とπに割り当てる方式です。し
たがって、信号空間ダイアグラムの図は次のようになります。I軸はcos成分(＝
実数成分)、Q軸はsin成分(＝虚数成分)を表します。

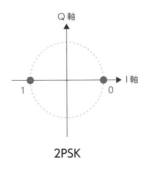

2PSK

　この図では、位相差ゼロを「0」、位相差πを「1」に割り当てていますが、
送信側と受信側の解釈さえ合わせておけば、これは逆でも問題ありません。

2 4PSK（QPSK）の信号空間ダイアグラム

4 PSK（QPSK）は、2 PSK の半分の π/2 で位相を刻んで 4 つの位相点を作り、それぞれに「00」「01」「10」「11」の二進数を割り当てたものです。ダイアグラムは次のようになります。

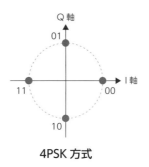

4PSK 方式

ただし、このように位相点を割り振ると信号の振幅変化が大きくなってしまうため、通常は π/4 だけ全体的に位相をずらした π/4 シフト 4PSK 方式が使用されます。この方式のダイアグラムは次の通りです。

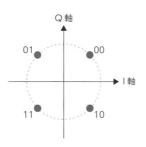

π/4 シフト 4PSK 方式

ここで気が付くこととして、隣接した信号点どうしに割り当てられた二進数の数値は、必ず 1 ケタだけが変化しているということです。このように作られた体系をグレイ符号（グレイコード）と呼び、雑音やフェージングなどの影響で信号点が隣接点として認識されてしまったとしても、二進数の数値としてのエラーは極力小さくなるように工夫されています。

8PSK の場合は、さらに角度を刻んで$\pi/4$（45 度）刻みに信号点を取ります。

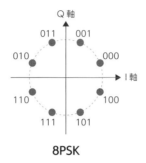

8PSK

この場合も 4PSK の場合と同様、隣接した信号点同士で変化するのは 1 ビットのみとすることで、雑音などに対して最もエラーが小さくなるように設計されています。

位相だけに情報を乗せる PSK に対し、振幅と位相の両方を用いる QAM の信号空間ダイアグラムの例を示します。

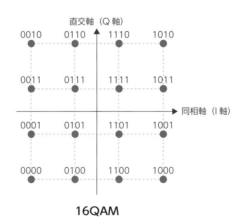

16QAM

　これは、横軸（同相軸＝I軸）に振幅の刻み、縦軸（直交軸＝Q軸）に位相の刻みをプロットしたものです。これから直感的に分かるように、PSKに比べると同じ数の信号点に対して信号点間の距離が離れているため、雑音等の妨害に対して強いことが分かります。また、隣接する信号点間で変化するビット数も、上下左右どれを見ても1ビットだけですから、エラー発生時の誤りビット数も最小になるように工夫されていることが分かります。

信号空間ダイアグラム

頻出項目をチェック！

1 ☐　隣接する信号点の間で変化するビットは<u>常に1ビット</u>のみである。

2 ☐　伝送される情報量は、信号点の数に比例するのではなく、<u>二進数の桁数に</u>
<u>比例</u>する。

練習問題

問1 信号空間ダイアグラム　　　　　令和4年6月期 「無線工学 午前」問9

グレイ符号（グレイコード）によるQPSKの信号空間ダイアグラム（信号点配置図）として、正しいものを下の番号から選べ。ただし、I軸は同相軸、Q軸は直交軸を表す。

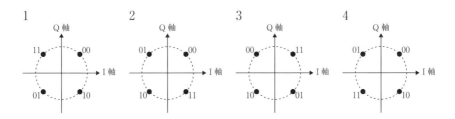

解答 4

グレイ符号は、円周に沿って隣接する二つの信号点どうしを比べたとき、変化するビット数は1ビットのみとなります。選択肢1は、上側の11⇔00や下側の10⇔01が2ビット変化しているので不適切です。選択肢2や3も同様に11⇔00や10⇔01が隣接しているため不適切です。

問2 信号空間ダイアグラム 令和3年2月期 「無線工学 午後」問8

グレイ符号（グレイコード）による8PSKの信号空間ダイアグラム（信号点配置図）として、正しいものを下の番号から選べ。ただし、I軸は同相軸、Q軸は直交軸を表す。

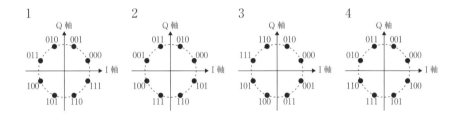

解答 4

どの隣接点間を比べても1ビットだけしか値が変化しないように割り当てたものは選択肢4です。

問3 ビット誤り等 令和3年10月期 「無線工学 午後」問9

次の記述は、デジタル伝送におけるビット誤り等について述べたものである。このうち誤っているものを下の番号から選べ。ただし、図にQPSK（4PSK）の信号空間ダイアグラムを示す。

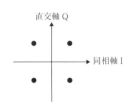

1 　1,000,000 ビットの信号を伝送して、1 ビットの誤りがあった場合、ビット誤り率は、10^{-6} である。

2 　QPSK において、2 ビットのデータを各シンボルに割り当てる方法がグレイ符号に基づく場合と自然 2 進符号に基づく場合とで比べたとき、グレイ符号に基づく場合の方がビット誤り率を小さくできる。

3 　QPSK において、2 ビットのデータを各シンボルに割り当てる方法がグレイ符号に基づく場合は、縦横に隣接するシンボル間で誤りが生じたとき、常に 1 ビットの誤りですむ。

4 　QPSK において、2 ビットのデータを各シンボルに割り当てる方法が自然 2 進符号に基づく場合は、縦横に隣接するシンボル間で誤りが生じたとき、常に 2 ビットの誤りとなる。

解答 4

選択肢 1 のビット誤り率は、（誤ったビット数）÷（その間に伝送したビット数）ですから正しい計算です。選択肢 2・3 については、問 1 や問 2 でも示したとおり、通信経路で生じた雑音などにより受信側で信号点が隣接点と誤認された際、グレイ符号であれば誤りが 1 ビットで済むのに対し、それ以外の割り当て方法によれば 2 ビットの誤りが生じる可能性があります。

選択肢 4 は、問 1 の解答選択肢 1 〜 3 を見れば分かるように、信号点が隣接点と誤認された際、1 ビットの誤りになる場合と 2 ビットの誤りになる場合の両方が存在します。したがって、「常に 2 ビットの誤り」という記述が不適切です。

> 信号空間ダイアグラムの問題は、コツをつかんでしまえばとても簡単に解けることが分かったと思います。頻出問題ですので、ぜひ得点源にしましょう。

Lesson 03　PSK 復調回路

学習のポイント　　　　　　　　　重要度 ★★★★★

● PSK 変調波は、比較的単純な回路で復調することができるのも大きな特徴です。一陸特試験では、復調回路の内部構成とその特徴について出題されます。難易度は低いですから、ぜひ得点したい項目です。

　位相変調波は、基準となる搬送波と乗算するだけで即座に復調できることが大きな特徴で、デジタル変調方式との相性が良いために広く採用されています。

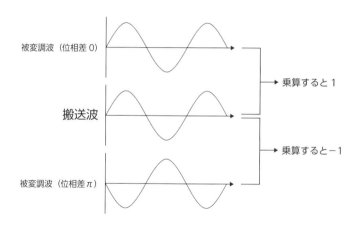

1　同期検波を利用した BPSK 復調器

　同期検波は、受信した信号から搬送波を作り出し、その搬送波と受信波を乗算することで復調を行うものです。搬送波再生回路が必要となるぶん回路が複雑にはなりますが、安定した検波出力が得られるという利点を持っています。

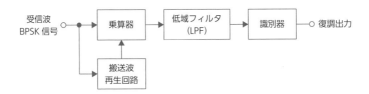

Lesson 03

P S K 復調回路

　乗算器の後の低域フィルタは、信号に含まれる雑音成分を除去するもので、その後の識別器は、アナログの出力信号をデジタルの二値波形に整形するための回路です。

2　遅延検波を利用した BPSK 復調器

　遅延検波は、受信した信号を 1 シンボル遅延させた信号と受信波を乗算することで復調を行うものです。同期検波に比べて、回路が簡単で済むという利点を持っています。

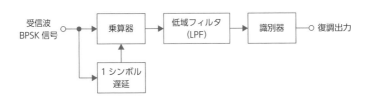

　しかし、良く考えると、1 シンボル前の信号が位相差 π の信号であれば、次の信号が位相差 0 であっても、復調出力はマイナス（受信信号の位相差が π であった場合の出力）になってしまいます。これではメチャクチャになってしまうのでは？と思うかもしれませんが、送信時にそれを見越して、例えば 1 シンボル前の信号が位相差 π であれば、次のシンボル送信時には論理を逆転させて変調を行うことにより、結果として正しいベースバンド信号が復調されるわけです。

3　QPSK 変調波の復調回路

　QPSK 波は、搬送波の位相を π /4 刻みとして 4 点の変調点を取った変調方式

でした（➡ p.117 参照）。これを復調するためには、まず位相差 0 の搬送波を再生し、この搬送波をさらに π /2 移相させた搬送波を作ります。

この 2 つの搬送波と受信信号を乗算すると、同相出力側には位相差 0・π の復調出力が得られ、直交出力側には位相差 π /2・3 π /2 の復調出力が得られます。このとき、位相差 0 の搬送波と位相差 π /2 や 3 π /2 の信号を乗算しても、平均値が 0 となるので同相出力には全く現れず、位相差 π /2 の搬送波と位相差 0 や π の信号を乗算しても、同様にして平均値が 0 となる性質があるため、このような簡単な回路で合計 4 値を復調することができるものです。

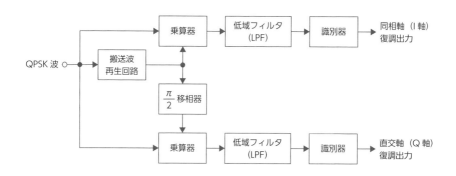

QPSK の同期検波も、搬送波に対する π /2 移相器が入るだけで、BPSK の場合と原理は同じです。

練習問題

問1 同期検波復調器　　　　　　　　　　令和 4 年 6 月期　「無線工学　午前」問 10

図は、2 相 PSK（BPSK）信号に対して同期検波を適用した復調器の原理的構成例である。□□ 内に入れるべき字句の正しい組合せを下の番号から選べ。

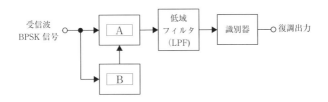

	A	B
1	π /2 移相器	クロック再生回路
2	π /2 移相器	搬送波再生回路
3	π /4 移相器	クロック再生回路
4	乗算器	クロック再生回路
5	乗算器	搬送波再生回路

解答 5

同期検波は、受信した信号から作り出した**搬送波**と受信信号を**乗算**することで復調します。

問2 遅延検波復調器　　　　　　　令和 4 年 6 月期 「無線工学　午後」問 10

図は、2 相 PSK（BPSK）信号に対して遅延検波を適用した復調器の原理的構成例である。□内に入れるべき字句の正しい組合せを下の番号から選べ。

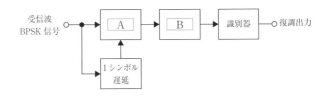

	A	B
1	π /2 移相器	高域フィルタ（HPF）
2	π /2 移相器	帯域フィルタ（BPF）
3	π /2 移相器	低域フィルタ（LPF）
4	乗算器	高域フィルタ（HPF）
5	乗算器	低域フィルタ（LPF）

解答 5

遅延検波・同期検波とも、乗算された出力はLPFで雑音成分等を取り除かれ、その後識別器できれいなデジタル波形に整形して出力します。

問3 同期検波復調器　　　　　　　　　　平成31年2月期 「無線工学 午後」問10

次の図は、同期検波によるQPSK（4PSK）復調器の原理的構成例を示したものである。□□□内に入れるべき字句の正しい組合せを下の番号から選べ。なお、同じ記号の□□□内には、同じ字句が入るものとする。

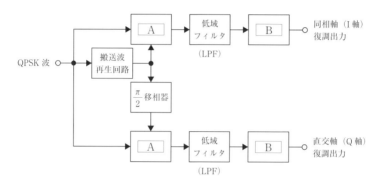

	A	B
1	分周回路	スケルチ回路
2	乗算器	スケルチ回路
3	乗算器	識別器
4	リミッタ	スケルチ回路
5	リミッタ	識別器

解答 3

QPSKの同期検波は、BPSKの場合の回路を並列に二つ並べて片方にπ/2移相器を挿入したものですから、BPSKの同期検波を理解していれば容易に解けるはずです。ただし、移相器の移相角度が「π/4」や「π」になっていて、その誤りを指摘する問題なども考えられますので注意する必要があります。

Lesson 01　静止衛星

学習のポイント　　　　重要度 ★★★★★

● 静止衛星は頻出問題です。地球からの距離、公転周期、配置個数、電波の遅延時間、衛星食（地球が影になり光が当たらず発電不能となる期間）の時期など、覚える事項は少ないので、得点源にしましょう。

1 人工衛星とは

　人工衛星は、地球の周囲を回る電波中継装置です。地球上から人工衛星に向けて電波を送ると、人工衛星はこれを受信したのち、衛星内で周波数を変えて地球に向けて送り返します。これにより、アメリカと日本など遠く離れた地域どうしで通信ができます。BS・CS 放送や海外からのテレビ中継のほか、登山隊などが携行する衛星携帯電話、GPS なども、人工衛星からの電波を利用した装置です。

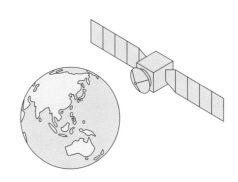

2 静止衛星

　人工衛星は、地表から見て常に上空の同じ位置に見える静止衛星と、上空を常に移動している非静止衛星に大別することができます。一陸特の国家試験では静止衛星に関する出題しかありません。

　静止衛星は、地表から約 36,000km の上空にあり、地球の自転周期と同じ周期で公転しています。地球は 24 時間で一回転しますが、衛星も全く同じ時間で一回転することにより、地表からは常に同じ位置に見えるという仕組みです。衛

星軌道は赤道上空の一本しかありませんが、等間隔に最低3個の衛星を打ち上げれば北極・南極周辺を除く地球上ほぼ全ての場所からアクセスすることができます。

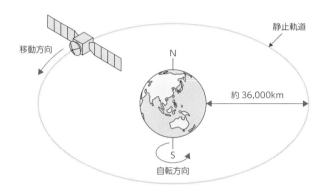

静止軌道と地球の位置関係

3　静止衛星の電源と衛星食

　人工衛星は宇宙空間にありますから、電源を自前で用意する必要があります。これには太陽電池が使われますが、**春分と秋分の日の頃、太陽―地球―衛星**と一直線に並ぶ時期があり、このときは太陽光が当たらないため発電することができなくなります。この現象を「**衛星食**」と呼びます。衛星食に備えて、人工衛星の内部には**充電式の電池**が搭載されています。

4　通信チャネルの割り当て方式

　通信衛星の帯域は有限ですから、常に全ての中継回線を埋めたままにすることは非効率です。そこで、通信の発生に応じてチャネルを割り当てることで、有限の回線を効率よく利用しています。

1）プリアサインメント方式

　通信に先立って、あらかじめ衛星の中継回線を確保しておく方式です。プリ=「〜の前に」、アサインメント=「割り当てる」という意味です。

2) デマンドアサインメント方式

通信の要求がある場合、その要求に応じて中継回線を割り当てる方式です。インターネット動画配信などのデマンド視聴と同じ意味で、要求が発生してからリソースを割り当てるという方式です。

 頻出項目をチェック！

1 ☐ 静止衛星の公転周期は 24 時間で、地球の自転周期と同じため、地表からは静止して見えている。

2 ☐ 静止衛星の軌道は赤道上空で、最低 3 個を等間隔に配置すればほぼ全世界からアクセス可能となる。

3 ☐ 静止衛星の電源は太陽電池。春分・秋分の頃の衛星食に備え、充電式電池が搭載されている。

4 ☐ 周波数は 4 ～ 8GHz 帯付近を使用することが多い。10GHz 以上は大気圏での減衰が大きくなり、使いにくくなる。

 こんな選択肢は誤り！

静止衛星までの距離は、地球の中心から約 36,000km である。

地球の中心ではなく、地表から約 36,000km です。

静止衛星が地球を一周する周期は、地球の公転周期と等しい。

地球の公転周期は 365 日。正しくは「自転周期」です。

Lesson
01

静止衛星

問1 静止衛星通信の特徴

次の記述は、静止衛星通信の特徴について述べたものである。[　　]内に入れるべき字句の正しい組合せを下の番号から選べ。

(1) 衛星と地球局間の距離が37,500〔km〕の場合、往路及び復路の両方の通信経路が静止衛星を経由する電話回線においては、送話者が送話を行ってからそれに対する受話者からの応答を受け取るまでに、電波の伝搬による遅延が約[　A　]あるため、通話の不自然性が生じることがある。

(2) 静止衛星は、[　B　]の頃の夜間に地球の影に入るため、その間は衛星に搭載した蓄電池で電力を供給する。

(3) [　C　]個の通信衛星を赤道上空に等間隔に配置することにより、極地域を除く地球上のほとんどの地域をカバーする通信網が構成できる。

	A	B	C
1	0.1 秒	春分及び秋分	2
2	0.1 秒	夏至及び冬至	3
3	0.5 秒	春分及び秋分	3
4	0.5 秒	夏至及び冬至	2

解答　3

電波は1秒間に約30万km伝搬しますから、片道37,500kmを往復するのに約0.25秒かかります。通話は往復ですから、行きと帰りで合計約0.5秒の遅延となります。また、春分と秋分の頃に地球の影となる時間があります。赤道上空に最低3個の衛星を打ち上げれば、地球上のほぼ全域をカバーします。

問2 静止衛星　　　　　　　　　　令和4年2月期　「無線工学　午後」問1

次の記述は、静止衛星について述べたものである。このうち誤っているものを下の番号から選べ。

1　静止衛星の軌道は、赤道上空にあり、ほぼ円軌道である。

2　静止衛星が地球を回る公転周期は地球の自転周期と同じであり、公転方向は地球の自転の方向と同一である。

3　三つの静止衛星を等間隔に配置すれば、南極、北極及びその周辺地域を除き、ほぼ全世界をサービスエリアにすることができる。

4　静止衛星までの距離は、地球の中心から約 36,000 キロメートルである。

解答　4

静止衛星までの距離は、地球の中心ではなく地表から約 36,000km です。

問3 衛星通信　　　　　　　　　平成23年2月期　「無線工学　午後」問3

次の記述は、一般に衛星通信に使用されている周波数について述べたものである。◯◯内に入れるべき字句の正しい組合せを下の番号から選べ。

(1)　衛星通信では、送信地球局から衛星へのアップリンク用の周波数と衛星から受信地球局へのダウンリンク用の周波数が対で用いられる。例えばCバンドでは、◯A◯が用いられている。

(2)　衛星からの送信電力には限りもあり、ダウンリンクの周波数には、アップリンクよりも◯B◯の少ない◯C◯周波数が用いられる。

	A	B	C
1	6/4〔GHz〕帯	伝搬損失	低い
2	6/4〔GHz〕帯	定在波比	高い
3	6/4〔GHz〕帯	伝搬損失	高い
4	14/12〔GHz〕帯	伝搬損失	高い
5	14/12〔GHz〕帯	定在波比	低い

Lesson 01

静止衛星

131

4〜8GHz 帯の周波数は C バンドと呼ばれています（➡ p.34 参照）。ダウンリンクの周波数は、伝搬損失が少ない低い周波数が用いられます。

問4 対地静止衛星　　　　　　　　　令和4年6月期 「無線工学 午前」問1

次の記述は、対地静止衛星を利用する通信について述べたものである。このうち正しいものを下の番号から選べ。

1　赤道上空約 36,000〔km〕の円軌道に打ち上げられた静止衛星は、地球の自転と同期して周回しているが、その周期は約 12 時間である。

2　電波が、地球上から通信衛星を経由して再び地球上に戻ってくるのに要する時間は、約 0.1 秒である。

3　静止衛星から地表に到来する電波は極めて微弱であるため、静止衛星による衛星通信は、春分と秋分のころに、地球局の受信アンテナの主ビームの見通し線上から到来する太陽雑音の影響を受けることがある。

4　衛星通信に 10〔GHz〕以上の電波を使用する場合は、大気圏の降雨による減衰が少ないので、信号の劣化も少ない。

5　2 個の通信衛星を赤道上空に等間隔に配置することにより、極地域を除く地球の大部分の地域を常時カバーする通信網が構成できる。

解答 3

1 の静止衛星の周回周期は 24 時間です。2 は、電波は 1 秒間に 30 万 km 伝搬しますので、衛星の往復には約 0.24 秒かかります。4 の 10GHz 以上の電波は、降雨や降雪の影響が大きくなります。5 は、最低 3 個の衛星が必要です。

Lesson 02　VSAT システム

● VSAT（Very Small Aperture Terminal）システムについての出題は頻出です。システム構成の概要や性質などについて概要を理解しておきましょう。

1 | VSAT システムの概要

　VSAT は、Very Small Aperture Terminal の略で、通信衛星を介した双方向衛星通信システムの一つです。

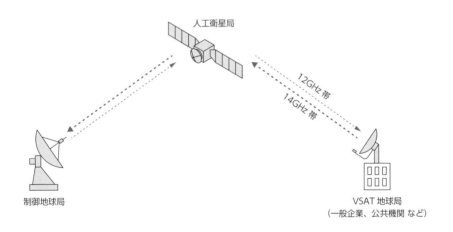

人工衛星局

12GHz 帯
14GHz 帯

制御地球局

VSAT 地球局
（一般企業、公共機関 など）

1　VSAT システムの構成要素

　VSAT システムは、大きく分けると以下の要素で構成されています。

1）親局

　親局は、大型のパラボラアンテナを持ち、地上の通信網（電話網やインターネット網）と電波との中継を行っているほか、人工衛星の姿勢制御等のコントロールを行っている制御地球局（制御基地局）です。

2) 宇宙局（人工衛星局）

　宇宙局は、赤道上の静止軌道上に存在する人工衛星で、親局からの電波を受信し、周波数を変換して地上側に送り返したり、子局からの電波を受信し、周波数を変換して親局に送り返したりという役割を持っています。周波数帯は12〜14GHz帯（Kuバンドと呼ばれています）のマイクロ波を用います。この周波数帯においては、高い周波数ほど大気中の雨粒や雪粒などの影響を受けて減衰しやすいため、大電力で送信が可能な親局側には14GHz帯を用い、比較的低出力である子局側では12GHz帯を使うようにしています。

3) VSAT 地球局（ユーザー局）

　VSAT地球局は、子局ともいい、小型軽量で持ち歩くことができる端末局で、多くは小型のオフセットパラボラアンテナを備えます。通信中は、アンテナを常に人工衛星に向ける必要があるため、急激に移動方向が変化する鉄道や自動車に積んで使用するのは適しませんが、船上であれば安定して使用可能です。

2　子局の構成

　VSATなどの衛星通信を行う子局の内部構成は、一般的なスーパヘテロダイン方式の送受信機と、基本的には大差ありません。データ端末などから送られてきた信号は、変調されたのち周波数変換器で12GHz帯のマイクロ波に変換され、電力増幅器で増幅された後オフセットパラボラアンテナに導かれます。受信回路は、低雑音増幅器で受信信号を増幅してから周波数変換器に入力されて低い周波数に変換したのち、中間周波増幅器を経て復調回路に導かれ、各種端末とやり取りする信号となります。

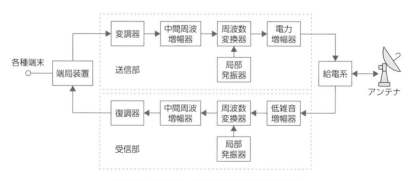

地球局（子局）の送受信装置の構成例

ここも覚えるプラスアルファ

VSAT システムの利用形態

VSAT システムの利用形態には、TDMA パケット伝送、専用線データ伝送、単方向同報伝送および音声伝送、IP データ伝送等の各タイプがあります。

 頻出項目をチェック！

1 ☐ VSAT システムは、12GHz や 14GHz 帯の SHF 帯の周波数が用いられている。

2 ☐ VSAT システムは、一般に中継装置を持つ宇宙局（衛星局）、回線制御および監視機能を持つ制御地球局（親局）、地球局（子局）で構成される。

3 ☐ VSAT 地球局は小型軽量の装置だが、静止衛星を使用しているため、車両に搭載して走行中の通信はできない。

4 ☐ VSAT 地球局（ユーザー局）には、一般的にオフセットパラボラアンテナが用いられる。

ゴロ合わせで覚えよう！ ▶ **VSAT 地球局**

ボサっと地球にお布施
（VSAT）　　（地球局）　（オフセットパラボラアンテナ）

VSAT 地球局には、オフセットパラボラアンテナが主に用いられている。

Lesson 02

VSAT システム

問1 VSATシステム

令和3年10月期 「無線工学 午後」問13

次の記述は、衛星通信に用いられるVSATシステムについて述べたものである。このうち正しいものを下の番号から選べ。

1　VSAT地球局（ユーザー局）は、小型軽量の装置であり、主に車両に搭載して走行中の通信に用いられている。

2　VSATシステムは、一般に、中継装置（トランスポンダ）を持つ宇宙局、回線制御及び監視機能を持つ制御地球局（ハブ局）並びに複数のVSAT地球局（ユーザー局）で構成される。

3　VSATシステムは、1.6〔GHz〕帯と1.5〔GHz〕帯のUHF帯の周波数が用いられている。

4　VSAT地球局（ユーザー局）には、八木・宇田アンテナ（八木アンテナ）が用いられることが多い。

解答　2

選択肢1の小型軽量ですが、車両に搭載して走行中に使用することはできません。

選択肢3のVSATシステムは、12GHz・14GHz帯を使用します。

選択肢4のVSAT地球局（ユーザー局）では、オフセットパラボラアンテナが多く用いられます。

VSATシステムは、洋上を航海中の船舶と陸地との通信用として特に多く利用されています。もちろんインターネット通信も可能で、最大20Mbpsという高速なサービスも開始されました。

いまや、船の上でも陸上と変わらずインターネットを利用することができ、船上からのライブ配信すらも可能な時代となりました。

問2 地球局の送受信装置の構成　　　　平成 20 年 6 月期　「無線工学　午前」問 12

図は、地球局の送受信装置の構成例を示したものである。 ☐ 内に入れるべき字句の正しい組合せを下の番号から選べ。ただし、同じ記号の ☐ 内には、同じ字句が入るものとする。

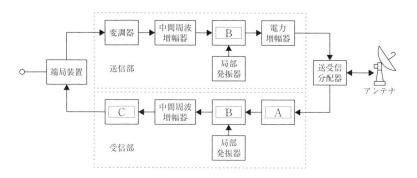

	A	B	C
1	低雑音増幅器	ビデオ増幅器	高周波増幅器
2	低雑音増幅器	周波数変換器	復調器
3	低雑音増幅器	ビデオ増幅器	復調器
4	低周波増幅器	周波数変換器	復調器
5	低周波増幅器	ビデオ増幅器	高周波増幅器

解答　2

受信したマイクロ波は微弱なので、まず低雑音増幅器で増幅されます（A）。その後、周波数変換器で中間周波数に変換されます。

送信部では、中間周波数の信号を周波数変換器でマイクロ波に変換します（B）。

受信信号は、復調器でユーザーが利用する信号（ベースバンド信号）に変換されて出力されます（C）。

受信部と送信部、それぞれの流れを覚えておこう。

Lesson 03　雑音指数の計算

学習のポイント　　　　　　　　　　　重要度 ★★★★★

● 電気信号が回路で増幅される場合、必ず熱雑音の影響を受けます。S/N 比が劣化するとエラー増加などの悪影響が出るため、雑音の影響度合いとして雑音指数という指標を用いて計算を行います。

　世の中の全ての物体は原子で出来ています。原子の中には原子核と電子が存在し、その電子の流れが電流という現象として現れます。この電子は、一か所にじっと留まっているわけではなく、常に上下左右に振動しているのですが、物体の温度が上がるとこの振動も大きくなります。これが雑音となって、伝送される信号に妨害を与えますから、雑音の度合いの計算は通信品質を考える上でとても重要です。

　　　ただし、一陸特の試験で雑音に関する計算問題は稀に出る程度です。計算自体難しい場合もありますので、他の出題頻度が高い単元を優先して学習した方が良いかもしれません。

1　等価雑音電力

　電子が熱振動することによって発生する雑音は、非常に広い周波数帯域幅を持っています。したがって、受信回路の周波数帯域幅（何 Hz から何 Hz までの信号を通過させるか）によって受信機に送り込まれる雑音の電力が決定されます。この値は、ボルツマン定数を k、絶対温度（摂氏温度＋ 273）を T、周波数帯域幅を Δf として、雑音電力 P は、

$$P = 4kT\Delta f$$

で求められます。この値は、抵抗体内部で発生する電力を純粋に求めた値なので、

外部に回路を接続してこの雑音電力を取り出そうとした場合、実際に得られる電力の大きさは

$$P = kT\varDelta f$$

で計算されます。

2 ▶ 増幅回路の雑音指数

　増幅回路は、入力された信号を増幅して出力しますが、入力信号に含まれる雑音も増幅するほか、さらに内部で発生した雑音を足して出力することになります。この、余計に付加された雑音の度合いを表すのが雑音指数で、Noise Figure 略して NF と呼ばれます。NF の値は、

$$NF = 10 \log_{10} \frac{S_\mathrm{i}/N_\mathrm{i}}{S_\mathrm{o}/N_\mathrm{o}} = 10 \log_{10} \frac{N_\mathrm{o}}{GkTB}$$

で求められます。$S_\mathrm{i} \cdot N_\mathrm{i}$ は入力の信号と雑音、$S_\mathrm{o} \cdot N_\mathrm{o}$ は出力の信号と雑音、G は増幅器の利得、k はボルツマン定数、T は絶対温度、B は帯域幅です。

3 ▶ 多段増幅回路の雑音指数

　増幅回路を複数段連続させたとき、N 段目の増幅回路の増幅度を G_N、雑音指数を F_N とすると、全体での雑音指数は

$$F = F_1 + \frac{F_2 - 1}{G_1} + \frac{F_3 - 1}{G_1 G_2} + \frac{F_4 - 1}{G_1 G_2 G_3} + \cdots$$

という関係式で求めることができます。これから分かるように、初段に低雑音・高利得の増幅器を用いるほど全体の特性が有利になります。

Lesson 03

雑音指数の計算

139

等価雑音温度は、増幅器内で発生する雑音電力を、抵抗体が発する熱雑音に換算したもので、等価雑音電力の計算式の絶対温度で表したものです。このとき、多段増幅回路全体の等価雑音温度は、N 段目の増幅回路の増幅度を G_N、雑音指数を K_N とすると、

$$K = K_1 + \frac{K_2}{G_1} + \frac{K_3}{G_1 G_2} + \frac{K_4}{G_1 G_2 G_3} + \cdots$$

という式で表すことができます。雑音指数の式と似ていますが、分子から -1 する必要がない点に注意する必要があります。

練習問題

問1 等価雑音帯域幅の値　　　　令和元年10月期 「無線工学 午後」問10

受信機の雑音指数が 3〔dB〕、周囲温度が 17〔℃〕及び受信機の雑音出力を入力に換算した等価雑音電力の値が 8.28×10^{-14}〔W〕のとき、この受信機の等価雑音帯域幅の値として、最も近いものを下の番号から選べ。ただし、ボルツマン定数は 1.38×10^{-23}〔J/K〕、$\log_{10} 2 = 0.3$ とする。

1　5〔MHz〕
2　6〔MHz〕
3　8〔MHz〕
4　10〔MHz〕
5　12〔MHz〕

解答　4

$NF = 10 \log_{10} \dfrac{N_o}{GkTB}$ の式を用います。求めたいのは帯域幅 B ですから、

$$3 = 10 \log_{10} 2 = 10 \log_{10} \frac{N_\mathrm{o}}{GkTB}$$

$$\therefore 2 = \frac{N_\mathrm{o}}{GkTB}$$

「雑音出力を入力に換算」済みなので、増幅度 G は既に織り込まれていますから、$G = 1$ として、

$$\therefore B = \frac{N_\mathrm{o}}{2kT} = \frac{8.28 \times 10^{-14}}{2 \times 1.38 \times 10^{-23} \times (17 + 273)} \fallingdotseq 10 \times 10^6 \,〔\mathrm{Hz}〕$$

10×10^6〔Hz〕= 10〔MHz〕と求まります。

問2 雑音指数の値　　　　　　　　　令和 3 年 6 月期 「無線工学 午後」問 10

2 段に縦続接続された増幅器の総合の雑音指数の値（真数）として、最も近いものを下の番号から選べ。ただし、初段の増幅器の雑音指数を 7〔dB〕、電力利得を 10〔dB〕とし、次段の増幅器の雑音指数を 13〔dB〕とする。また、$\log_{10} 2 = 0.3$ とする。

　　1　4.8　　　2　5.3　　　3　5.9　　　4　6.9　　　5　8.3

解答　4

$F = F_1 + \dfrac{F_2 - 1}{G_1}$ の式を利用します（→ p.139 参照）。ただし、求める雑音指数は真数なのに対し、増幅器の雑音指数や電力利得が dB 値で与えられていますので、dB 値を真数値に変換する必要があります。7dB = 10dB − 3dB ですから、10 倍 × 1/2 = 5 倍、10dB = 10 倍、13dB = 10dB + 3dB ですから 10 倍 × 2 倍 = 20 倍です。以上より、

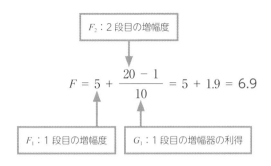

と求まります。

増幅器を 2 段に縦続接続し、初段の増幅器の等価雑音温度を 294〔K〕、電力利得を 6〔dB〕とし、次段の増幅器の等価雑音温度を 336〔K〕とする。縦続接続された増幅器の総合の等価雑音温度の値として、最も近いものを下の番号から選べ。ただし、$\log_{10} 2 = 0.3$ とする。

　　1　300〔K〕
　　2　350〔K〕
　　3　378〔K〕
　　4　385〔K〕
　　5　410〔K〕

解答 3

$K = K_1 + \dfrac{K_2}{G_1}$ の式を用います（➡ p.140 参照）。電力利得 6dB = 3dB + 3dB

$= 2 \times 2 = 4$ 倍ですから、増幅度の真数値 G_1 は 4 です。したがって、

$$K = 294 + \frac{336}{4} = 378$$

と求まります。

Lesson 01　マイクロ波の中継方式

学習のポイント　　　　　　　　　　　重要度 ★★★★☆

● マイクロ波帯の電波は、波長が非常に短いため電離層の影響は受けませんが、建物反射波などが非常に強くなるため、それらによる干渉を考慮する必要が生じてきます。

　マイクロ波による遠距離中継回線を構築する場合、途中で信号を中継増幅する中継局を設けたり、電波の進行方向を変えて目的地に送る反射板を設置したりすることがあります。また、中継局の機器構成も、信号をそのまま増幅する方式のほか、別の周波数に変換してから増幅する方式なども存在します。それらについての概要を理解しておく必要がありますが、難易度は低く容易に得点できる分野ですから、確実にその名称と方式の内容を覚えておかなければいけません。

1 ▶ 二周波中継方式

　マイクロ波の中継回線を構築する場合、行きと帰りで別々の周波数を使用して双方向通信を行いますが、周波数の有効利用の観点から、中継局間で交互に周波数を利用する方式が採用されています。これを二周波中継方式と呼んでいます。

　欠点としては、ラジオダクトなどの異常伝搬が発生した際、中継所を飛び越えてその先の中継所まで電波が到達してしまうオーバーリーチ現象によって混信が発生してしまう点が挙げられます。これを防止するためには、中継所の配置を地理的にずらすという対策が有効です。

　中継局の方式は、その立地や状況などにより、いくつかの種類に分けることができます。

1　無給電中継方式

　その名の通り、電源を使わないで中継するものです。「そんなこと可能なの？」と思われそうですが、マイクロ波は光のように反射・屈折することを利用し、金属製の反射板にマイクロ波を当てることで向きを変えるという方式です。次のような特性を持ちます。

無給電中継方式の特性

> ・マイクロ波の周波数が低いほど大きな面積の反射板が必要となる。
> ・できる限り反射板の正面からマイクロ波が入射するようにしたほうが、減衰が小さくなる。

2　直接中継方式

　受信したマイクロ波を、そのまま増幅して送信するものです。回路自体は簡単で済みますが、受信した段階で信号に含まれている雑音を取り除くことは不可能で、信号品質の劣化を防止することができないという欠点があります。

3　非再生（ヘテロダイン中継方式）

　受信したマイクロ波を、周波数変換回路でいったん低い周波数（中間周波数）に変換して増幅したのち、再度マイクロ波に変換して増幅・送信するものです。直接中継方式に比べると機器は複雑になりますが、低い周波数だと高性能な増幅素子を用いることができ、信号品質の劣化を抑えられるという利点を持っています。

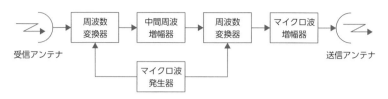

ヘテロダイン中継方式

ゴロ合わせで覚えよう！ ▶ ヘテロダイン中継方式

中間テストでヘトヘトだい

（中間周波数）　　　　　（ヘテロダイン中継方式）

受信したマイクロ波を、周波数変換回路でいったん中間周波数に変換して増幅したのち、再度マイクロ波に変換して増幅・送信する方式は、ヘテロダイン中継方式である。

4　再生中継方式

　受信したマイクロ波を復調して元のデジタル信号（ベースバンド信号）にまで戻し、信号波形の修正（波形整形）やタイミングの取り直しなどを行い、再度変調してマイクロ波として送信するものです。装置構成は大きくなりますが、ベースバンド信号にまで戻してしまうため、必要な信号を取り出したり、新たな信号を挿入したりすることができるほか、伝搬路における雑音などで劣化した信号を完全に修復した上で再送信するため、信号の劣化を回復させることができるという大きな利点を持っています。

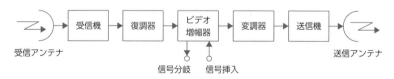

再生中継方式

1 ☐ 無給電中継方式は、反射板等で電波の方向を変えることで中継を行い、中継用の電力を必要としない中継方式である。

2 ☐ 直接中継方式は、中継局において、受信したマイクロ波をそのまま増幅して送信する方式である。

3 ☐ ヘテロダイン中継方式は、受信したマイクロ波を、周波数変換回路でいったん中間周波数に変換して増幅したのち、再度マイクロ波に変換して増幅・送信する方式である。

4 ☐ 再生中継方式は、中継局において、受信したマイクロ波をいったん復調して信号波形の修正（波形整形）やタイミングの取り直しなどを行い、再度変調してマイクロ波として送信する方式である。

練習問題

問1 多重無線回線の中継方式　　令和4年6月期「無線工学 午後」問14

次の記述は、マイクロ波（SHF）多重無線回線の中継方式について述べたものである。 内に入れるべき字句の正しい組合せを下の番号から選べ。

(1) 受信したマイクロ波を中間周波数などに変換しないで、マイクロ波のまま所定の送信電力レベルに増幅して送信する方式を A 中継方式という。この方式は、中継装置の構成が B である。

(2) 受信したマイクロ波を復調し、信号の等化増幅及び同期の取直し等を行った後、変調して再びマイクロ波で送信する方式を C 中継方式という。

	A	B	C
1	直接	簡単	再生
2	直接	複雑	非再生（ヘテロダイン）
3	無給電	複雑	非再生（ヘテロダイン）
4	無給電	簡単	再生

解答 1

受信したマイクロ波を、周波数変換を行わずにそのまま増幅する方式は、直接中継方式と呼ばれます。その構成は簡単です。また、復調して信号の等化増幅や同期の取り直しを行い、再度マイクロ波にして送信する方式を再生中継方式と呼びます。

> 非再生（ヘテロダイン）方式は、受信したマイクロ波をいったん中間周波数に変換して増幅する方式です。

問2 多重無線回線の中継方式　　　　　令和4年6月期 「無線工学　午前」問14

　次の記述は、マイクロ波（SHF）多重無線回線の中継方式について述べたものである。　　　内に入れるべき字句の正しい組合せを下の番号から選べ。

(1) 受信したマイクロ波を中間周波数に変換し、増幅した後、再びマイクロ波に変換して送信する方式を　A　中継方式という。

(2) 受信したマイクロ波を復調し、信号の等化増幅及び同期の取直し等を行った後、変調して再びマイクロ波で送信する方式を　B　中継方式といい、　C　通信に多く使用されている。

	A	B	C
1	非再生（ヘテロダイン）	再生	デジタル
2	非再生（ヘテロダイン）	再生	アナログ
3	再生	直接	デジタル
4	再生	直接	アナログ

Lesson 01

マイクロ波の中継方式

解答 1

再生中継方式は、デジタル通信に用いられます。

次の記述は、地上系マイクロ波（SHF）多重通信の無線中継方式の一つである反射板を用いた無給電中継方式において、伝搬損失を少なくする方法について述べたものである。このうち誤っているものを下の番号から選べ。

1　反射板に対する電波の入射角度を大きくして、入射方向を反射板の反射面と平行に近づける。
2　反射板を二枚使用するときは、反射板の位置を互いに近づける。
3　反射板の面積を大きくする。
4　中継区間距離は、できるだけ短くする。

解答 1

できるだけ入射方向を反射板の反射面と垂直（真正面の方向）に近づけた方が損失は小さくなります。入射角度というのは、反射板の表面に対して**垂直**に引いた法線から測定した角度を指します。したがって、入射角度が小さいということは、反射板の**真正面**から入射することを意味します。真夏が暑いのは、太陽の光が地表に対して小さい入射角度で当たるため光エネルギーが強く地表に入射しているのと同じ原理で、無給電中継方式の場合も、入射角度をできるだけ小さくした方が高効率になります。

> マイクロ波の中継方式で一陸特の国家試験に出題されるのは数種類しかありません。どれを問われても確実に正解できるようにしておきましょう。

スーパヘテロダイン方式

Lesson 02

学習のポイント　　　　　　　　　　　重要度 ★★★★☆

● 現在使用されている受信機は、ほとんどがスーパヘテロダイン方式です。回路構成や利点・欠点などの特徴を把握しておきましょう。

　受信機は、電波を受信し、増幅して信号処理を行い、電波の上に重畳されていた音声信号や画像信号などを取り出す装置です。このとき、受信した周波数そのままで処理することもできるのですが、近接周波数からの混信を除去するフィルタを構成しにくいなどの理由があり、周波数混合を行っていったん中間周波数に変換してから増幅・信号処理を行うスーパヘテロダイン方式が広く普及しました。下図は、スーパヘテロダイン方式の FM 受信機の構成図です。

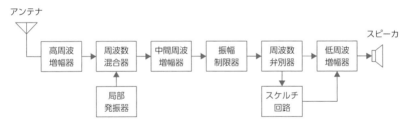

スーパヘテロダイン方式

1　高周波増幅器

　アンテナで受信した信号は一般的に微弱であるため、**低雑音高利得**の増幅回路によって信号を増幅します。

2　周波数混合器

　局部発振器から送られた信号と受信信号を混合し、中間周波数に変換します。

周波数混合器は、入力された2つの周波数の差を取り出す回路ですから、受信周波数 f、局部発振器の発振周波数 f_L、中間周波数 f_i の間には、次のような関係があります。

$$f = f_L \pm f_i$$

3 局部発振器

受信周波数と中間周波数の差の信号を発振する回路です。PLL回路を用いることにより、可変かつ安定な周波数を作り出すことができるため、多くはPLL回路で構成されています。

4 中間周波増幅器

中間周波増幅回路では、受信信号に合わせた狭帯域のフィルタを挿入し、隣接周波数からの混信を避けた上で大きく信号増幅を行います。これによって、受信周波数を可変としても、狭帯域のフィルタが利用できることで近接混信波からの妨害を受けにくくすることができます。

5 振幅制限器・周波数弁別器・スケルチ回路

この3種類の回路は、アナログ方式のFM受信機（FMラジオ）に特徴的なものです。振幅制限器は、受信信号に含まれている振幅を一定化し、周波数変調信号を復調するときの妨げにならないようにする回路です。周波数弁別器は、入力信号の周波数によって出力電圧が変化する回路で、この回路でFM信号を復調します。スケルチ回路は、受信信号が無いときに出力される大きな雑音信号を防止するものです。

6 スーパヘテロダイン方式の利点と欠点

スーパヘテロダイン方式は、部品点数は増えるものの大変特性が良い受信機を構

成することができるため、AM ラジオや FM ラジオをはじめとしてデジタル無線装置などにも幅広く利用されています。利点と欠点をまとめると次の通りです。

利点

- ・中間周波増幅回路に狭帯域のフィルタを設けることができ、**良好な受信特性**を得られる。
- ・局部発振回路に PLL 方式を採用することで、良好な周波数変動特性が得られる。

欠点

- ・回路が**複雑**である。
- ・$f = f_L \pm f_i$ の関係から、本来受信したい周波数とは異なる周波数（中間周波数の 2 倍だけ離れた周波数）も受信されてしまう。これを**イメージ受信**と呼ぶが、原理的に避けられないため、高周波増幅回路にフィルタを設けて対処する。
- ・受信周波数に**近接**した強力な信号が存在すると、不当に感度が抑圧されてしまうことがある（感度抑圧現象）。
- ・複数の強力な妨害波が到来すると、**受信回路が飽和**することで受信中の信号や中間周波数と同じ周波数の信号が生成され、それが再生されて混信を起こしてしまうことがある（相互変調妨害）。

➕α **ここも覚えるプラスアルファ**

イメージ受信

イメージ受信の周波数は、受信機の周波数構成によって異なります。$f_L + f_i = f$ である場合、$f_L - f_i$ がイメージ受信の周波数です。このような周波数構成を**下側ヘテロダイン方式**と呼びます。$f_L - f_i = f$ である場合は、$f_L + f_i$ がイメージ受信の周波数となります。このような周波数構成を**上側ヘテロダイン方式**と呼びます。

Lesson 02

スーパヘテロダイン方式

ハウリング

小中学校の頃、朝礼で校長先生が話すときに放送委員が音量を上げすぎると「キーン」と大きな音がしましたよね。あれはスピーカーから出た音がマイクに入り、それが増幅されてまたスピーカーから出て…というループで信号が大きくなってしまったために起こります。このように信号がループして発振状態になることをハウリングと呼びます。受信機においても、スピーカーからの音で内部の部品が振動することによりハウリングが発生し、思わぬ大きな発振音が生じてしまうことがあります。

✔ 頻出項目をチェック！

1 ☐ 受信周波数に近接した強力な信号による妨害を感度抑圧現象という。

2 ☐ 複数の強力な信号によって回路が飽和し、中間周波数成分が作られてしまって出力される現象を相互変調妨害という。

✎ 練 習 問 題 ≫≫≫

問1 混信妨害　　　　　　　　　令和3年10月期「無線工学 午前」問11

次の記述は、スーパヘテロダイン受信機において生じることがある混信妨害について述べたものである。このうち誤っているものを下の番号から選べ。

　1　相互変調妨害は、一つの希望波信号を受信しているときに、二以上の強力な妨害波が到来し、それが、受信機の非直線性により、受信機内部に希望波信号周波数又は受信機の中間周波数と等しい周波数を発生させたときに生じる。

2　相互変調による混信妨害は、周波数混合器以前の同調回路の周波数
　　選択度を向上させることにより軽減できる。

3　影像周波数による混信妨害は、中間周波増幅器の選択度を向上させ
　　ることにより軽減できる。

4　近接周波数による混信妨害は、妨害波の周波数が受信周波数に近接
　　しているときに生じる。

解答　3

影像周波数は、受信信号を周波数混合器で中間周波数に変換するという原理によって発生しますから、スーパヘテロダイン方式を用いる限り避けられないものです。中間周波増幅器ではなく、高周波増幅器の選択度を向上させることで軽減することができます。

問2 相互変調による混信　　令和 4 年 2 月期　「無線工学　午後」問 10

受信機で発生する相互変調による混信についての記述として、正しいものを下の番号から選べ。

1　希望波信号を受信しているときに、妨害波のために受信機の感度が
　　抑圧される現象。

2　一つの希望波信号を受信しているときに、二以上の強力な妨害波が
　　到来し、それが、受信機の非直線性により、受信機内部に希望波信
　　号周波数又は受信機の中間周波数と等しい周波数を発生させ、希望
　　波信号の受信を妨害する現象。

3　増幅回路及び音響系を含む回路が、不要な帰還のため発振して、可
　　聴音を発生すること。

4　増幅回路の配線等に存在するインダクタンスや静電容量により増幅
　　回路が発振回路を形成し、妨害波を発振すること。

解答　2

選択肢 1 は感度抑圧、選択肢 3 はハウリング、選択肢 4 は寄生発振の説明です。

Lesson 02

スーパヘテロダイン方式

Lesson 01　パルスレーダー

学習のポイント　　　　　　　　　　　　重要度　★★★★☆

● パルスレーダーについては、遅延時間と距離の関係を計算する問題が
定番で出題されますが、信号処理用の付加回路の名称と役割を問う問
題も比較的多く出題されています。

　電波の応用分野の一つとして、レーダーも欠かすことができない技術です。これは、自ら電波を発射し、物標から反射されて戻ってきた電波の性質から観測対象の様子を知るという装置です。身近なところでは自動車の速度違反検知用レーダーのほか、雨雲観測用のレーダーなどがあり、ゲリラ豪雨などの観測に一役買っています。

1　パルスレーダーの原理

　パルスレーダーは、極めて送信時間が短いパルス状の電波を発射するものです。送信波は空中を伝搬し、観測対象の物標に当たって反射して戻ってきます。この受信波と送信波の時間差から物標までの距離を求めることができます。

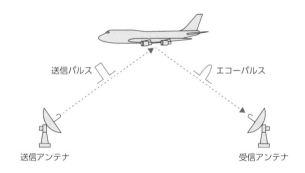

送信パルス　　　　エコーパルス

送信アンテナ　　　　受信アンテナ

　電波は1秒間に30万km伝搬しますから、送信波と受信波との間の遅延時間から、物標までの距離を測定することができます。

公式 》》 物標までの距離＝（受信波の遅延時間）×（3×10^8）÷ 2〔m〕

試験では、物標までの距離を求める問題だけではなく、遅延時間を求める問題も出題されていますので、どのように問われても計算できるようにしておきましょう。

2 ▶ 最大探知距離

　最大探知距離は、送信出力、受信機の感度、アンテナの地上高、送信パルスの繰返し周期などの影響を受けます。送信出力と受信機の感度が高いほど、遠くの物標からの弱い反射波を拾うことができます。アンテナの地上高を高くするほど、より遠方に電波を届けることができます。パルスの繰返し周期が短いと、遠方からの反射波が次の送信信号に埋もれてしまいます。

公式 》》 最大探知距離＝（送信パルスの繰返し周期）×（3×10^8）÷ 2〔m〕

3 ▶ 最小探知距離

　近距離からの物標反射波は、物標反射波の遅延時間も短くなります。まだパルスを送信中なのに物標反射波が戻ってきてしまえば、それを受信することができなくなってしまいます。したがって、最小探知距離は送信パルス幅によって決定されることになります。

公式 》》 最小探知距離＝（送信パルス幅）×（3×10^8）÷ 2〔m〕

4 ▶ 方位分解能・距離分解能

　分解能というのは、別々の物標を見分ける能力のことです。アンテナの電波が一方向に鋭く放射されるほど、自分から見た角度（方位）分解能は向上します。距離分解能は、同一方向に存在する離れた物標を識別する能力で、複数の物標か

らの反射波が重なってしまうと識別できなくなりますから、こちらは送信パルス幅によって影響を受けます。

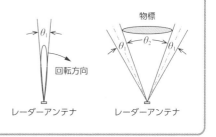
5 衝撃係数

パルスレーダーは、その性質上、短い時間に強力なパルス波を発射し、次の発射までの時間は受信時間に充てられます。したがって、送信パルスの**尖頭電力**と**平均電力**との差が大きいという性質を持つため、指標の一つとして衝撃係数という値が定義されます。

$$衝撃係数＝（パルス送信時間幅）÷（パルス繰返し周期）$$

また、パルス繰返し周期の逆数としてパルス繰返し周波数が定義され、

$$パルス繰返し周波数＝1÷（パルス繰返し周期）$$

で計算されます。

6 付加回路

パルスレーダーは、その性質から、特徴的な付加回路が利用されることがあります。代表的なものとして次のような回路が挙げられます。

1　STC 回路

　受信回路に入力される信号が大きすぎると歪みが発生し、信号を正しく増幅できなくなってしまいます。そこで、近距離物標からの強力な反射波に対して感度を下げ、遠距離物標の微弱な反射波に対しては感度を上げる回路を設けることがあります。STC は、Sensitivity Time Control の略です。

2　FTC 回路

　雨や雪などからの反射波により物標反射波の識別が困難な場合に利用され、検波後の信号を微分することで物標を際立たせる役割を持っています。FTC は、Fast Time Constant の略です。

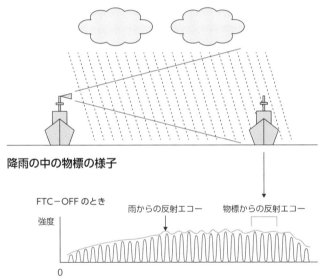

降雨の中の物標の様子

FTC−OFF のとき

雨からの反射エコー　物標からの反射エコー

強度

0

FTC をかけていない受信信号波形

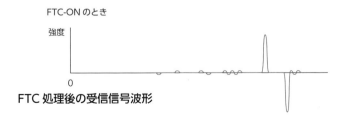

FTC-ON のとき

強度

0

FTC 処理後の受信信号波形

3　IAGC 回路

　強力な物標反射波が連続した場合、中間周波増幅回路の利得上限を超えて波形が潰れてしまうことがありますが、こうなるとその中に埋もれた微弱な信号が失われてしまいます。これを防ぐために、長く連なった強力な物標反射波が存在した場合、自動的に中間周波増幅回路の利得を低下させ、微弱な信号が潰れないように調整する回路が設けられることがあります。これを Instantaneous Automatic Gain Control 回路、略して IAGC 回路と呼びます。

4　レーダー観測画面

　パルスレーダーによる観測結果は、人間が見やすい形でビデオ画面として表示されます。このとき最も多く用いられているのがPPI表示（PPI スコープともいう）です。

PPI 表示

　PPI 表示は、航空管制用のレーダーや船舶に搭載しているレーダーでおなじみのもので、自分を中心として周囲 360 度方向に存在する物標を画面上で表現する

ものです。点までの角度が自分から物標までの角度、点までの距離が物標までの距離で、ちょうど地図上を真上から見たような形で表現されるため、直感的に分かりやすいという特徴を持っています。

頻出項目をチェック！

1 ☐ 物標までの距離は、（受信波の遅延時間）× $(3 \times 10^8) \div 2$〔m〕で求められる。

2 ☐ 最大探知距離は（送信パルスの繰返し周期）× $(3 \times 10^8) \div 2$〔m〕で求められる。

3 ☐ 最小探知距離は、（送信パルス幅）× $(3 \times 10^8) \div 2$〔m〕で求められる。

4 ☐ アンテナのビーム幅 θ_1 は、放射電力が利得中心の 1/2 になる角度である。

5 ☐ パルスレーダーの方位分解能を向上させる方法としては、アンテナの水平面のビーム幅を狭くする。

6 ☐ STC 回路では、近距離からの強力な反射波に対しては感度を下げ、遠距離になるにつれて感度を上げる。

7 ☐ IAGC 回路は、強力な受信波で回路が飽和しないよう、そのような信号に対して自動的に利得を低下させるものである。

問1 パルスレーダーの方位分解能　　　　　令和4年6月期 「無線工学 午後」問15

次の記述は、パルスレーダーの方位分解能を向上させる一般的な方法について述べたものである。このうち正しいものを下の番号から選べ。

1　アンテナの水平面内のビーム幅を狭くする。
2　パルス繰返し周波数を低くする。
3　送信パルス幅を広くする。
4　送信電力を大きくする。
5　アンテナの海抜高又は地上高を低くする。

解答　1

方位分解能は、自分から見てどの角度に物標が存在するかを精細に判断する能力です。水平面のビーム幅を狭くすると、水平方向への電波の放出角度が狭くなりますから、方位分解能が向上します。

問2 パルスレーダーの動作原理等　　　　　令和4年2月期 「無線工学 午後」問16

次の記述は、パルスレーダーの動作原理等について述べたものである。このうち誤っているものを下の番号から選べ。

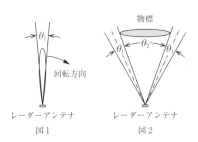

1　図1は、レーダーアンテナの水平面内指向性を表したものであるが、放射電力密度（電力束密度）が最大放射方向の1/2に減る二つの方向のはさむ角 θ_1 をビーム幅という。

2 図 2 に示す物標の観測において、レーダーアンテナのビーム幅を θ_1、観測点からみた物標をはさむ角を θ_2 とすると、レーダー画面上での物標の表示幅は、ほぼ $\theta_2 - 2\theta_1$ に相当する幅となる。

3 水平面内のビーム幅が狭いほど、方位分解能は良くなる。

4 距離分解能は、同一方位にある二つの物標を識別できる能力を表し、パルス幅が狭いほど良くなる。

解答 2

物標反射波は電波が物標に当たって反射することで発生しますから、$\theta_2 + 2\theta_1$ の角度で観測されます。

問3 物標までの距離の値　　　　　　　令和 3 年 10 月期　「無線工学　午後」問 15

パルスレーダーにおいて、パルス波が発射されてから、物標による反射波が受信されるまでの時間が 60〔μs〕であった。このときの物標までの距離の値として、最も近いものを下の番号から選べ。

1 18,000〔m〕

2 12,000〔m〕

3 9,000〔m〕

4 6,000〔m〕

5 4,500〔m〕

解答 3

電波の伝搬速度 3×10^8〔m/s〕に 60〔μs〕を掛けると 18,000〔m〕と求まりますが、これは物標までの往復距離ですから、答えは 18,000 ÷ 2 で 9,000〔m〕となります。

問4 回路の名称　　　　　　　令和 3 年 10 月期　「無線工学　午後」問 16

次の記述は、パルスレーダーの受信機に用いられる回路について述べたものである。該当する回路の名称を下の番号から選べ。

この回路は、パルスレーダーの受信機において、雨や雪などからの反射波により、

物標からの反射信号の判別が困難になるのを防ぐため、検波後の出力信号を微分して物標を際立たせるために用いるものである。

1　FTC 回路
2　STC 回路
3　AFC 回路
4　IAGC 回路

解答　1

これは FTC 回路の説明です。（➡ p.157 参照）

問5 回路の特徴　　　　　　　　　　　平成 31 年 2 月期　「無線工学　午後」問 15

次の記述は、パルスレーダーの受信機に用いられる回路について述べたものである。□□□内に入れるべき字句の正しい組合せを下の番号から選べ。

(1) 近距離からの強い反射波があると、PPI 表示の表示部の中心付近が明るくなり過ぎて、近くの物標が見えなくなる。このとき、STC 回路により近距離からの強い反射波に対しては感度を　A　、遠距離になるにつれて感度を　B　て、近距離にある物標を探知しやすくすることができる。

(2) 雨や雪などからの反射波によって、物標の識別が困難になることがある。このとき、FTC 回路により検波後の出力を　C　して、物標を際立たせることができる。

	A	B	C
1	上げ（良くし）	下げ（悪くし）	反転
2	上げ（良くし）	下げ（悪くし）	積分
3	上げ（良くし）	下げ（悪くし）	微分
4	下げ（悪くし）	上げ（良くし）	積分
5	下げ（悪くし）	上げ（良くし）	微分

解答　5

STC 回路では、近距離からの強い反射波に対しては感度を下げ、遠距離になる

につれて感度を上げます。FTC 回路により、検波後の信号を微分して物標を際立たせることができます。

問6 パルス繰返し周波数等 　　　　　令和 4 年 6 月期 「無線工学　午後」問 4

図に示すように、パルスの幅が 4〔μs〕、間隔が 16〔μs〕のとき、パルスの繰返し周波数 f 及び衝撃係数（デューティファクタ）D の値の組合せとして、正しいものを下の番号から選べ。

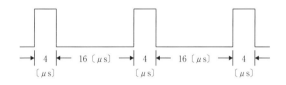

	f	D
1	40〔kHz〕	0.25
2	40〔kHz〕	0.20
3	50〔kHz〕	0.25
4	50〔kHz〕	0.20
5	100〔kHz〕	0.25

解答 4

パルス繰返し周波数は、20μs の逆数を取って 50kHz です。衝撃係数は、4〔μs〕÷ 20〔μs〕で、0.2 と求めることができます。（➡ p.156 参照）

パルスレーダーは、通常の無線通信に比べると少し特殊な電波の利用方法ですから、最初はとっつきにくい印象を受けるかもしれませんが、計算問題は物標までの距離を求める問題や、物標までの距離から受信波の遅延時間を求める問題がほとんどです。出題パターンをつかみ、計算上の注意点（遅延時間から計算される距離は、物標までの往復の距離であること）さえ気を付ければ、基本的には易しい部類の問題といえるでしょう。

Lesson 02 連続波レーダー

学習のポイント　　　　　　　　　　重要度 ★★★☆☆

● 連続波レーダーは、連続した電波を発射し、物標反射波から速度や積乱雲の様子などを観測するものです。基本的な原理や性質について出題されることがあります。

　連続波レーダーは、移動する物体からの反射波がドップラー効果によって周波数偏移を起こすことを利用するドップラーレーダーのほか、パルス波ではあるもののドップラー効果による周波数偏移成分も観測しているパルスドップラーレーダーや、受信後に信号を圧縮することでパルス化するパルス圧縮レーダーなど様々なものが考案され実用化されています。

1 ドップラーレーダー

　ドップラーレーダーは、近づいてくる救急車のサイレン音が高く聞こえ、遠ざかる場合は低く聞こえるドップラー効果を電波で利用したもので、主に3～10GHz程度のマイクロ波が使われます。自動車の速度計測に使われるほか、最近は雨雲や雨滴の動きを観測するために広く使われています。ゲリラ豪雨の予報などで活躍している雨雲レーダーは、このレーダーを利用して観測しています。

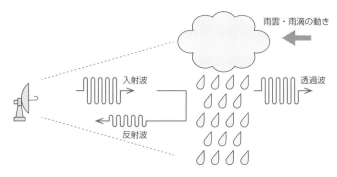

雨雲レーダー

> ドップラー効果は電波の周波数が偏移しておこる
> 現象です。

2 MP レーダー

　MP とはマルチパラメータの略で、物標反射波の到達角度や信号強度だけではなく、反射時に起こった位相や偏波面の変化なども要素に加えることでより精密な情報を得るようにしたものです。運用に当たっては、論理値だけではなく実測データの積み重ねから種々の法則を導き出すことで、雨雲や降雨の状態、降雨の変化量の時間変化などをも取得することができ、主に気象レーダーとしてゲリラ豪雨の予測などに活躍しています。

3 PPI 表示と RHI 表示

　パルスレーダーの物標観測画面は主に、自分を中心として周囲 360 度方向に存在する物標を画面上で表現する PPI 表示が使われていましたが、雨雲観測用レーダーなどの場合は RHI 表示が多く用いられます。これは、横軸に自局からの水平距離、縦軸に自局からの垂直距離をプロットしたものです。RHI 表示を用いると、積乱雲や豪雨の模様を分かりやすく表現することができるため、天気予報の雨雲レーダーなどとして広く利用されています。

✓ 頻出項目をチェック！

1 ☐ PPI 表示は、自分を中心として 360 度周囲に存在する物標を点で示すもので、航空管制用のレーダーなどに使われている。

2 ☐ RHI 表示は、横軸に自分からの距離、縦軸に自分から見た角度や高度を取るもの。積乱雲の発達状況などを観測するのに適している。

問 1 ドップラー効果　　　　　　　　　令和 4 年 6 月期 「無線工学　午後」問 16

次の記述は、ドップラー効果を利用したレーダーについて述べたものである。
　　　内に入れるべき字句の正しい組合せを下の番号から選べ。なお、同じ記号
の　　　内には、同じ字句が入るものとする。

(1) アンテナから発射された電波が移動している物体で反射されると
　　き、反射された電波の　A　はドップラー効果により偏移する。
　　移動している物体が、電波の発射源から遠ざかっているときは、移
　　動している物体から反射された電波の　A　は、発射された電波
　　の　A　より　B　なる。

(2) この効果を利用したレーダーは、　C　、竜巻や乱気流の発見や観
　　測などに利用される。

	A	B	C
1	周波数	低く	移動物体の速度測定
2	周波数	高く	移動物体の速度測定
3	周波数	高く	海底の地形の測量
4	振幅	低く	海底の地形の測量
5	振幅	高く	移動物体の速度測定

解答　1

ドップラー効果は、電波だけではなく音波でも起こります。代表的なのが救急車
の通過音で、近づく場合は高い音、離れる場合は低い音になることを思い出せば
正答が求まります。

問2 気象観測用レーダー　　　　令和 3 年 6 月期 「無線工学　午前」問 16

次の記述は、気象観測用レーダーについて述べたものである。このうち誤っているものを下の番号から選べ。

1　航空管制用や船舶用レーダーは、航空機や船舶などの位置の測定に重点が置かれているのに対し、気象観測用レーダーは、気象目標から反射される電波の受信電力強度の測定にも重点が置かれる。
2　表示方式には、RHI 方式が適しており、PPI 方式は用いられない。
3　反射波の受信電力強度から降水強度を求めるためには、理論式のほかに事前の現場観測データによる補正が必要である。
4　気象観測に不必要な山岳や建築物からの反射波のほとんどは、その強度が変動しないことを利用して除去することができる。

解答　2

RHI 方式が適している場合が多いのですが、PPI 方式も用いられます。

問3 CW レーダー　　　　平成 23 年 6 月期 「無線工学　午後」問 16

次の記述は、CW レーダーについて述べたものである。このうち誤っているものを下の番号から選べ。

1　送信中に受信を同時に行っている。
2　原理的に極めて近距離の物標についても測定することができる。
3　反射波と進行波の時間差により物標の接近速度を知ることができる。
4　周波数変調等の適切な変調を施すと距離を計測できる。

解答　3

CW レーダーというのは、Continuous Wave Radar、つまり連続波レーダーのことを意味しています。選択肢 3 について、反射波と進行波の時間差ではなく、周波数の差（ドップラー周波数）によって物標の接近速度を知ることができます。選択肢 4 のような、周波数変調を掛けた連続波レーダーを FM–CW レーダーもしくはチャープレーダーと呼び、受信信号に対してパルス圧縮処理を行うことにより、パルスレーダーのように距離を求めることができるようになります。

Lesson 01 伝送線路（1）　種類と性質

> **学習のポイント**　　　　　　　　　　　　　　　重要度 ★★★★★
>
> ● 高周波信号を送信機からアンテナまで伝えたり、アンテナで受信した高周波信号を受信機まで導いたりする電線などのことを伝送線路と呼び、整合や反射など高周波信号に特異な性質が現れます。

1 伝送線路とは

　乾電池と豆電球を電線でつないだり、コンセントから 100V の電気をコードで引いてきて消費したりする場合、注意すべき点といっても過電流による発熱に気を付ける程度しかありません。

　しかし、電線に高周波信号を流す場合は、電線の物理的構造によって求まる特性インピーダンスを考えないと、電気的には接続されていても全く信号が伝わらないという状況が発生します。これはちょうど、水道管やホースの太さに例えて考えることができます。

　太い水道管と細い水道管を接続する場合、接続部分に異径ジョイントを使用しないと、管のすき間から水が漏れ出してしまいます。双方の水道管の太さの差が大きければ大きいほど、漏れ出してしまう水の量も多くなります。

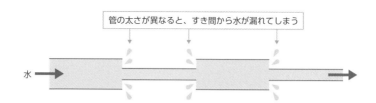

　電線路に高周波信号を流す場合も同じことが起こります。ただし、電気信号は水のように外部に漏れ出すことができないため、その代わり特性インピーダンスに差がある接続点から、元来た方向に反射して戻っていくという現象が発生します。

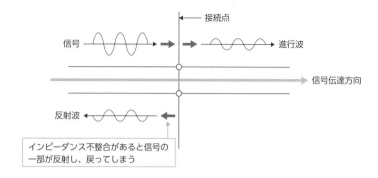

　この反射信号が大きいと、伝送される信号が弱くなってしまうのはもちろん、反射信号によって送信回路に異常電圧が生じて送信回路が壊れてしまうなどの弊害が起こります。したがって、特性インピーダンスの整合は十分に行われなければいけません。

2 ▶ 平衡伝送路と不平衡伝送路

　高周波信号を伝送する場合、伝送路の物理的形状によっても電圧や電流の分布が異なるため、特性インピーダンスのほかに形状も考慮しなければなりません。

1 平衡伝送路

　平衡伝送路とは、2本の電線が幾何学的に対称になっているものを指します。特性インピーダンス 200 Ω や 300 Ω の平行フィーダーが商品化されています。

　　300Ωフィーダー　　　　　　　　200Ωメガネフィーダー

平衡伝送路の特徴

- ・電圧・電流分布が対称となっている。
- ・比較的損失が小さい。
- ・平衡型のアンテナと直結することができる。
- ・雨粒や雪などの付着、金属への接近などにより損失が増加する。

2 不平衡伝送路

　不平衡伝送路は、2本の電線が幾何学的に非対称となっているもので、代表的なものとして同軸ケーブルが挙げられます。中心から同心円状に、心線となる中心導体、絶縁物である誘電体、網線などで構成される外部導体、保護のためのビニルシースという構造が一般的です。

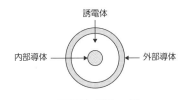

誘電体

内部導体 → ← 外部導体

不平衡伝送路の例

不平衡伝送路の特徴

- ・電圧・電流分布は非対称。
- ・誘電体としてポリエチレンが良く使われるが、高い周波数での損失を軽減するために発泡ポリエチレンやテフロンなどを用いた製品もある。
- ・外部導体によって内部導体がシールドされた形状のため、周囲からの雑音を受けにくい。
- ・不平衡型のアンテナとは直結できるが、平衡型アンテナと接続する場合は、平衡—不平衡を変換するトランス（Balanced—Unbalanced の頭文字をとった BALUN：バランと読む）を挿入する必要がある。

3 整合の指標値

送受信機と伝送線路の接続部分、伝送線路同士の接続部分、伝送線路とアンテナの接続部分などにおいて、インピーダンスの不整合や平衡・不平衡のアンバランスなどが存在すると、反射波が生じて様々な不具合の原因となります。しかし、伝送線路の上を流れる電流を目視することはできないので、測定器によって電圧や電力などを測定して整合の度合いを確認します。

1 電圧反射係数

送信機からアンテナに向かう進行波の電圧を V_f、アンテナ側から送信機に戻っていく反射波の電圧を V_r として、

$$電圧反射係数 \; \Gamma = \frac{V_r}{V_f}$$

で求めた値です。反射波の電圧がゼロのときが最良値で、$\Gamma = 0$ です。進行波が100%反射して戻ってきてしまうときが最悪値で、$\Gamma = 1$ です。

Point

電圧反射係数

$\Gamma = \dfrac{V_r}{V_f}$ で求め、完全整合時に $\Gamma = 0$、完全反射時に $\Gamma = 1$。

2 電圧定在波比（VSWR）

伝送線路上に反射波が生じていると、進行波と反射波が互いに干渉し、伝送線路上に移動しないように見える定在波が発生します。電圧定在波比は英語でVoltage Standing Wave Ratio と呼ばれるため、その頭文字をとって VSWR とも略記されます。反射の電圧がゼロのとき、VSWR の値は1 となり、100%反射のときの VSWR の値は無限大を取ります。

Point

電圧定在波比 (VSWR)

完全整合時に VSWR = 1、完全不整合時（反射時）に VSWR = ∞

VSWR と電圧反射係数 Γ の間には、VSWR = $\dfrac{1 + |\Gamma|}{1 - |\Gamma|}$ の関係がある。

頻出項目をチェック！

1 ☐ 電圧反射係数は、完全整合時（最良の状態）に <u>0</u>、完全不整合時（最悪の状態）に <u>1</u>。

2 ☐ VSWR は、完全整合時（最良の状態）に <u>1</u>、完全不整合時（最悪の状態）に <u>無限大</u>。

3 ☐ 完全整合時、定在波は<u>発生</u>しない。

練習問題

問1 同軸ケーブル　　　　　　令和4年6月期 「無線工学 午後」問18

次の記述は、同軸ケーブルについて述べたものである。　　　内に入れるべき字句の正しい組合せを下の番号から選べ。

(1) 同軸ケーブルは、一本の内部導体のまわりに同心円状に外部導体を配置し、両導体間に誘電体を詰めた不平衡形の給電線であり、伝送する電波が外部へ漏れ　A　、外部からの誘導妨害を受け　B　。

(2) 不平衡の同軸ケーブルと半波長ダイポールアンテナを接続するとき

は、平衡給電を行うため　C　を用いる。

	A	B	C
1	やすく	やすい	バラン
2	にくく	にくい	スタブ
3	やすく	やすい	スタブ
4	にくく	にくい	バラン

解答 4

同軸ケーブルは、外部導体が内部導体をシールドする構造になっているため、電波が外部に漏れにくく、また外部からの妨害も受けにくいという利点を持っています。

問2 伝送線路の反射　　　　　令和 4 年 2 月期　「無線工学　午後」問 19

次の記述は、伝送線路の反射について述べたものである。このうち正しいものを下の番号から選べ。

1　電圧反射係数は、伝送線路の特性インピーダンスと負荷側のインピーダンスから求めることができる。
2　電圧反射係数は、進行波の電圧（V_f）を反射波の電圧（V_r）で割った値（V_f/V_r）で表される。
3　整合しているとき、電圧反射係数の値は 1 となる。
4　反射が大きいと電圧定在波比（VSWR）の値は小さくなる。
5　負荷インピーダンスが伝送線路の特性インピーダンスに等しく、整合しているときは、伝送線路上には定在波が存在する。

解答 1

選択肢 2 は、正しくは V_r/V_f です。選択肢 3 は、整合しているときの電圧反射係数は 0 です。選択肢 4 は、反射が大きいと、VSWR の値は大きくなります。選択肢 5 は、整合している場合、定在波が発生しません。

次の記述は、整合について述べたものである。　　　内に入れるべき字句の正しい組合せを下の番号から選べ。

(1) 給電線の特性インピーダンスとアンテナの給電点インピーダンスが　A　と、給電点とアンテナの接続点から反射波が生じ、伝送効率が低下する。これを防ぐため、接続点にインピーダンス整合回路を挿入して、整合をとる。

(2) 同軸給電線のような　B　とダイポールアンテナのような平衡回路を直接接続すると、平衡回路に不平衡電流が流れ、送信や受信に悪影響を生ずる。これを防ぐため、二つの回路の間に　C　を挿入して、整合をとる。

	A	B	C
1	異なる	平衡回路	スタブ
2	異なる	不平衡回路	バラン
3	異なる	平衡回路	バラン
4	等しい	不平衡回路	バラン
5	等しい	平衡回路	スタブ

解答　2

同軸ケーブルのような不平衡回路と、平衡回路のダイポールアンテナを接続する場合、バランを挿入して不平衡－平衡変換を行うことで整合を取ります。

選択肢によく登場するスタブは、片端が開放または短絡された短い伝送線路のことです。スタブを使用すると、狭帯域のインピーダンス変換などを行うことができる場合があります。

Lesson 02

伝送線路（2）特性インピーダンス

学習のポイント

重要度 ★★☆☆☆

● 伝送線路のうち最も広く使用されているのが同軸ケーブルです。構造や性質、特性インピーダンスなどに関する問題が出題されることがあります。平衡伝送路について出題されたこともあります。

1　同軸ケーブルの特性インピーダンス

　高周波伝送用として最も多く用いられているのが同軸ケーブルです。一般家庭では、テレビのアンテナ線として広く用いられています。同軸ケーブルは、次のような断面構造を持っています。

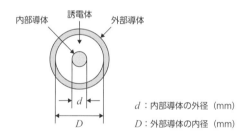

内部導体　誘電体　外部導体

d：内部導体の外径（mm）
D：外部導体の内径（mm）

同軸ケーブル

　同軸ケーブルの性質は次の通りです。

同軸ケーブルの性質

・内部導体・誘電体（絶縁体）・外部導体の3層構造で、通常その外側をビニールで保護している。
・使用周波数が高いほど、誘電体内部で発生する損失が増加する。
・内部導体と外部導体の物理的構造が非対称なので、**不平衡形**の伝送線路である。

通常、伝送線路の特性インピーダンスを求める計算式は難解な式となりますが、一陸特の国家試験では、特性インピーダンスの定性的な性質や簡略化した計算式を問われる出題がほとんどです。同軸ケーブルの特性インピーダンスに関する性質は次の通りです。

同軸ケーブルの特性インピーダンスに関する性質

- 外部導体の直径 D と内部導体の直径 d の比が大きいほど、特性インピーダンスは大きくなる。
- 特性インピーダンス値は、$138 \log_{10} \dfrac{D}{d}$〔Ω〕で求められる。

特性インピーダンス値は、空気や真空中の誘電率 ε_s は1なので、通常は $138 \log_{10} \dfrac{D}{d}$〔Ω〕で求められますが、比誘電率を使った式で表すと $\dfrac{138}{\sqrt{\varepsilon_\mathrm{s}}} \log_{10} \dfrac{D}{d}$〔Ω〕となります。

2 平行二線式線路の特性インピーダンス

空気中における平行二線式線路の特性インピーダンス Z は、導線の直径を d、中心間隔を D として、次の式で求めることができます。

$$Z = 277 \log_{10} \frac{2D}{d} \text{〔Ω〕}$$

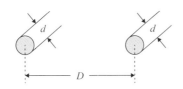

d：導線の直径〔mm〕

D：導線の中心間隔〔mm〕

頻出項目をチェック！

1 ☐ 同軸ケーブルの外部導体の内径寸法 D と内部導体の外径寸法 d の比 D/d の値が小さいと、特性インピーダンスも<u>小さ</u>くなる。

2 ☐ 同軸ケーブルは、使用周波数が<u>高い</u>ほど、誘電体内部で発生する損失が増加する。

3 ☐ 同軸ケーブルは、<u>不平衡形</u>の伝送線路である。

練 習 問 題

問1 同軸ケーブル　　　　令和 2 年 2 月期　「無線工学　午後」問 19

次の記述は、図に示す同軸ケーブルについて述べたものである。このうち誤っているものを下の番号から選べ。

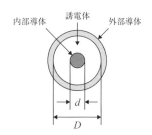

内部導体　誘電体　外部導体

1　外部導体の内径寸法 D と内部導体の外径寸法 d の比 D/d の値が小さくなるほど、特性インピーダンスは大きくなる。

2　送信機及びアンテナに接続して使用する場合は、それぞれのインピーダンスと同軸ケーブルの特性インピーダンスを整合させる必要がある。

3　使用周波数が高くなるほど誘電損が大きくなる。

4 不平衡形の給電線として用いられる。

解答 1

外部導体の内径寸法と内部導体の外径寸法の比が小さいと、特性インピーダンス
は小さくなります。

問2 特性インピーダンス　　　　　　　　平成30年6月期　「無線工学　午後」問7

図に示す断面を持つ同軸ケーブルの特性インピーダンス Z を表す式として、正し
いものを下の番号から選べ。ただし、絶縁体の比誘電率は ε_S とする。また、同軸ケー
ブルは使用波長に比べ十分に長く、無限長線路とみなすことができるものとする。

1　$Z = \dfrac{138}{\sqrt{\varepsilon_S}} \log_{10} \dfrac{D}{d}$ 〔Ω〕

2　$Z = \dfrac{138}{\sqrt{\varepsilon_S}} \log_{10} \dfrac{2D}{d}$ 〔Ω〕

3　$Z = \dfrac{138}{\sqrt{\varepsilon_S}} \log_{10} \dfrac{D}{2d}$ 〔Ω〕

4　$Z = \dfrac{138}{\sqrt{\varepsilon_S}} \log_{10} \dfrac{d}{D}$ 〔Ω〕

5　$Z = \dfrac{138}{\sqrt{d}} \log_{10} \dfrac{D}{\varepsilon_S}$ 〔Ω〕

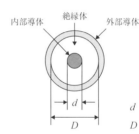

内部導体　絶縁体　外部導体

d：内部導体の外径（mm）
D：外部導体の内径（mm）

解答 1

空気中や真空中の ε_S は1なので $\log_{10}$ の係数は138ですが、このように比誘電率
を使った式が出題されることもあります。（➡ p.176 参照）

Lesson 03 VHF・UHF 帯用アンテナ

学習のポイント　　　　　　　　　　　重要度 ★★★★★

● VHF・UHF 帯用アンテナとしては多くの形式が存在しますが、一陸特の国家試験で出題されるものはおおむね決まっています。各形式の特徴は必ず押さえておきましょう。

1 アイソトロピックアンテナ

　アンテナは種々様々なものが考案され使用されていますが、それらの性能を測定する場合の基準となるのがアイソトロピックアンテナです。アイソトロピックアンテナは、3次元空間周囲に完全に均等に電力を放射するアンテナですが、現実的にはアンテナそのものの物理的構造があるため、全方向に均等に電力を放出するアンテナを作ることはできません。しかし理論上の計算を行うことはできますから、あるアンテナの、アイソトロピックアンテナに対する利得は「絶対利得」と呼ばれ、「dBi」という単位で表されます。

2 ダイポールアンテナ

1 半波長ダイポールアンテナ

　ダイポールアンテナの語源は、ダイ＝2つの、ポール＝極という意味で、給電点から2本の電線を横に伸ばしただけの形状をしています。送受信する電波の波長を λ とすると、片側のエレメントが $\lambda/4$ で全長としては $\lambda/2$ の長さとなります。

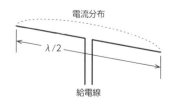

電流分布

$\lambda/2$

給電線

ダイポールアンテナの入力インピーダンスは約73Ωで、平衡給電します。指向性は、水平面が8の字特性で、垂直面は無指向性です。水平面とは、アンテナを配置してそれを上から見たときの特性、垂直面とは、アンテナを真横から見たときの、天を上、地を下にした放射特性です。

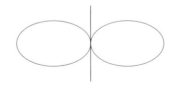

ダイポールアンテナを水平に設置し、上から見た時の指向特性

2　二線式折返し半波長ダイポールアンテナ

ダイポールアンテナには、二本の線を折り返した形の二線式折返し半波長ダイポールアンテナ（フォールデッドダイポールアンテナともいう）も存在します。

二線式折返し半波長ダイポールアンテナの利得や指向性は普通のダイポールアンテナと変わりません。入力インピーダンスは、約300Ω（半波長ダイポールアンテナの約4倍）になります。

このアンテナは、実際に製作することができるアンテナとしては最も単純なものなので、多種多様なアンテナの利得を測定する際の基準アンテナとしても用いられます。アイソトロピックアンテナに対して＋2.15dBの利得を持っています。周波数特性は、半波長ダイポールアンテナと比べ、やや広帯域です。

3　ブラウンアンテナ

ブラウンアンテナは、別名グラウンドプレーンアンテナとも呼ばれ、同軸ケー

ブルからダイポールアンテナに給電する λ /4 のエレメントを、一方は垂直に伸ばし、他方は横に広げた形としたものです。このような形にすることで、グラウンド側のエレメントは接地線と同様に働き、物理的形状も不平衡になるため同軸ケーブルからそのまま直結給電できるという特徴を持っています。インピーダンスは約 21 Ω となるため、50 Ω系同軸ケーブルは整合回路なしで直接給電してもほとんど問題ありません。水平面内無指向性であるため、移動体向けの基地局用アンテナなどに広く用いられています。

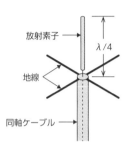

---

4 ▶ スリーブアンテナ

スリーブアンテナは、ブラウンアンテナの地線を筒状の金属棒に置き換え、同軸ケーブルを覆う形にしたものです。指向性などの特徴はブラウンアンテナとほぼ同等ですが、給電インピーダンスが約 73 Ω であり、75 Ω系同軸ケーブルから整合回路なしで直結給電できるという特徴を持っています。

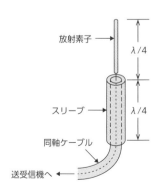

ダイポールアンテナを垂直に配置し、各々を同相で給電した場合、放射される電波の位相が合成されて利得を上げることができます。多段積み重ねれば積み重ねるほど利得が向上します。現実的には、ブラウンアンテナの上部エレメントとしてスリーブアンテナを上下に連結したような構造のものが多く使われています。

ゴロ合わせで覚えよう！ コーリニアアレイアンテナ

同じことして、こりないなあ。
（同振幅・同位相）　　（コーリニアアレイアンテナ）

コーリニアアレイアンテナでは、隣り合う各放射
素子を互いに同振幅・同位相の電流で励振する。

アンテナに指向性を持たせる方法の一つとして、ダイポールアンテナの背後に金属板を置き、金属板によって電波を反射させることで一方向に指向性を持たせる構造が考えられました。このようにして作られたのが**コーナーレフレクタアンテナ**です。構造は次図のように、ダイポールアンテナから λ /2 離した背後に V字型の反射板を置いたものです。ちょうど人間が合わせ鏡を覗き込んだ時と同じように、反射板の背後に 3 個の鏡像アンテナが配置されたものと同等の効果を発揮し、信号強度を重ね合わせることで指向性と利得を持たせています。開き角が 90 度のとき、横方向などへの副放射が最も少なく、アンテナ正面に向けての単一指向特性を持ちます。

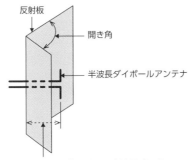

反射板

開き角

半波長ダイポールアンテナ

S：反射板の折目と半波長ダイポールアンテナ間の長さ

Lesson
03

V
H
F
・
U
H
F
帯
用
ア
ン
テ
ナ

7 ▶ 八木・宇田アンテナ

VHF・UHF 帯の指向性アンテナとして最も広く利用されているアンテナです。発明者の名前を取って八木アンテナもしくは八木・宇田アンテナと呼ばれます。構造は単純で、放射器として通常のダイポールアンテナを置き、その前面に全長が短い**導波器**、背面に全長が長い**反射器**を置いています。導波器は容量性インピーダンスすなわち電流の位相を進める働きをし、反射器は誘導性インピーダンスすなわち電流の位相を遅らせる働きをします。その結果、反射器側への放射は抑制され、導波器側に電波が導かれることから、導波器側への単一指向性を持ちます。導波器を複数配置すればするほど指向性が強くなり、高性能なアンテナとすることができます。UHF 帯テレビ放送受信用アンテナでは、導波器を 10 ～ 30 本並べたものも実用化され、＋ 10dB 以上の高利得を得ることができる製品もあります。

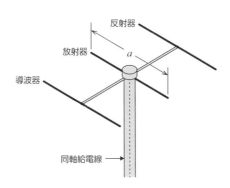

反射器

放射器

a

導波器

同軸給電線

　八木・宇田アンテナのように一方向に強力な指向性を持つアンテナの性能を評価する際、主指向性方面（メインローブ）の電界強度のほか、アンテナの背後（バックローブ）や横（サイドローブ）に向けての放射特性も重要な値となります。もちろん、できるだけメインローブが強く、バックローブやサイドローブが小さいほうが良いのですが、メインローブの放射角度も指向特性として重要な値となります。

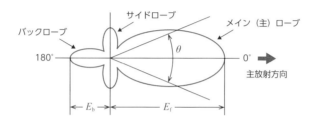

　アンテナの半値角は、図の θ で表されます。これは、電力値で主放射方向の 1/2 となる角度で、電圧値で換算すれば主放射方向の $\dfrac{1}{\sqrt{2}}$ の電界強度となる角度で定義されます。また、メインローブとバックローブの比率（F/B比）もアンテナの性能として重要な値で、これは $E_\mathrm{f}/E_\mathrm{b}$ で求められます。

　なお、一般論として、アンテナの物理形状が大きくなるほど、そして電磁波の波長が短くなるほど利得は向上します。したがって、アンテナの大きさが限られている場合、使用する周波数を高くすると高利得のアンテナを作れることになります。これは、八木・宇田アンテナなどに限らず、パラボラアンテナ等でも原則として同じ性質を持ちます。

　アンテナのエレメント上は、電流が流れながら電波となって放射されていきます。したがって、電流分布は端に行くほど減少するのですが、仮に一様に電流が

分布していたとした場合、アンテナの長さがどの位に見えるか、という値のことを意味します。

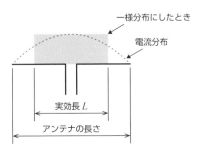

　これを理論計算で求める過程は複雑ですが、一陸特で出題される場合は、半波長ダイポールアンテナの実効長 L を求める式

$$L = \frac{\lambda}{\pi}$$

を知っておけばよいでしょう。

頻出項目をチェック！

1 ☐ **アイソトロピックアンテナ**は、完全等方性で利得の基準となるアンテナ。ただし現実的に製作することはできない。

2 ☐ **二線折返し半波長ダイポールアンテナ**の入力インピーダンスは、半波長ダイポールアンテナの約 4 倍である。

3 ☐ **ブラウンアンテナ**は、心線を垂直、地線を水平に展開したアンテナで、放射抵抗は約 21 Ω。

4 ☐ スリーブアンテナは、ブラウンアンテナの地線を同軸ケーブルに沿って折り返したもの。放射抵抗は約 73 Ω。

5 ☐ コーリニアアレイアンテナは、垂直ダイポールアンテナを積み上げたもの。隣り合う素子は同相で励振する。

6 ☐ コーナーレフレクタアンテナは、ダイポールアンテナ背後に金属製反射板を取り付けた単一指向性アンテナ。開き角 90 度、距離 λ /2 が基本。

7 ☐ 八木・宇田アンテナは、放射器・反射器・導波器からなるアンテナで、良好な単一指向性を持ち、最も広く利用されている。

8 ☐ アンテナの半値角は、電力値で主放射方向の 1/2 となる角度である。

9 ☐ 半波長ダイポールアンテナの実効長を求める式は、$L = \dfrac{\lambda}{\pi}$ である。

✐ 練 習 問 題 ≫≫

問1 コーリニアアレイアンテナ　　　令和 3 年 10 月期 「無線工学　午後」問 18

次の記述は、垂直偏波で用いる一般的なコーリニアアレイアンテナについて述べたものである。このうち誤っているものを下の番号から選べ。

1 原理的に、放射素子として垂直半波長ダイポールアンテナを垂直方向の一直線上に等間隔に多段接続した構造のアンテナであり、隣り合う各放射素子を互いに同振幅、逆位相の電流で励振する。

2 コーリニアアレイアンテナは、ブラウンアンテナに比べ、利得が大きい。

3 コーリニアアレイアンテナは、極超短波（UHF）帯を利用する基地局などで用いられている。

4 水平面内の指向特性は、全方向性である。

解答 1

隣り合う各放射素子は、互いに同振幅・同位相の電流で励振します。逆位相では打ち消しあってしまいます。

問2 半波長ダイポールアンテナ　　　　令和3年6月期 「無線工学 午後」問17

固有周波数 1,700〔MHz〕の半波長ダイポールアンテナの実効長の値として、最も近いものを下の番号から選べ。ただし、$\pi = 3.14$ とする。

1　2.8〔cm〕
2　5.6〔cm〕
3　11.2〔cm〕
4　54.1〔cm〕
5　55.4〔cm〕

解答 2

まず、1700〔MHz〕の波長 λ を求める式は、

$$\lambda = \frac{c}{f} = \frac{3 \times 10^8}{1,700 \times 10^6}$$

ですから、これをさらに π で割れば答えが求まります。したがって、

$$\frac{3 \times 10^8}{1,700 \times 10^6} \div \pi = \frac{3 \times 10^8}{1,700 \times 10^6} \times \frac{1}{\pi} = 0.0562\cdots となり、約 5.6〔cm〕と$$

求まります。

次の記述は、図に示すアンテナについて述べたものである。このうち正しいもの
を下の番号から選べ。

ただし、波長を λ〔m〕とし、図1の各地線は、長さが $\lambda/4$ であり、放射素子に
対して直角に取り付けた構造の標準的なものとする。

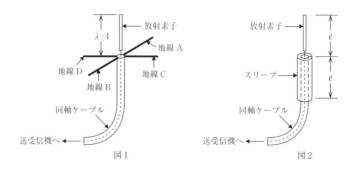

図1　　　　　　　　　　　　　図2

1　図1の地線 A と地線 B の電流は互いに同方向に流れ、地線 C と地
　線 D も同様であるので、地線からも大きな電波の放射がある。

2　図1は、ブラウンアンテナと呼ばれ、放射抵抗は約 21〔Ω〕である。

3　図2は、スリーブアンテナと呼ばれ、放射抵抗は約 35〔Ω〕である。

4　図2のアンテナの ℓ は、それぞれ $\lambda/8$ の長さであり、全体として
　$\lambda/4$ の長さとしている。

5　図1及び図2のアンテナは、主にマイクロ波（SHF）帯以上の周波
　数で使用される。

解答　2

選択肢1は、地線の電流は互いに**打ち消しあう**ので、ここからの電波の放射は抑
制されます。選択肢3は、スリーブアンテナの放射抵抗は約 73 Ω 程度です。選
択肢4は、エレメントの長さは $\lambda/4$ で、全体として $\lambda/2$ の長さになります。
選択肢5は、VHF・UHF 帯程度までのアンテナとして用いられます。マイクロ
波では小型になりすぎて使用が困難です。

問4 半波長ダイポールアンテナ

次の記述は、図に示す素子の太さが同じ二線式折返し半波長ダイポールアンテナについて述べたものである。　　　内に入れるべき字句の正しい組合せを下の番号から選べ。

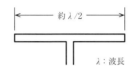

約λ/2

λ：波長

(1) 周波数特性は、同じ太さの素子の半波長ダイポールアンテナに比べてやや　A　特性を持つ。

(2) 入力インピーダンスは、半波長ダイポールアンテナの約　B　倍である。

(3) 指向特性は、半波長ダイポールアンテナと　C　。

	A	B	C
1	狭帯域	4	ほぼ同じである
2	狭帯域	2	大きく異なる
3	広帯域	3	ほぼ同じである
4	広帯域	4	ほぼ同じである
5	広帯域	2	大きく異なる

解答　4

折返し半波長ダイポールアンテナは、通常の半波長ダイポールアンテナに対して若干広帯域であり、また入力インピーダンスが約 4 倍の約 300 Ω という特徴を持っています。

Lesson 03

VHF・UHF 帯用アンテナ

Lesson 04 マイクロ波用アンテナ

学習のポイント　　　　　　　　　　重要度 ★★★★★

● 導波管で伝送されるマイクロ波は、アンテナもマイクロ波固有の特徴
  的な形式のものが多く採用されます。重要項目かつ頻出項目ですから、
  最低限名称と基本原理は理解しておかねばなりません。

　マイクロ波は、波長が数センチ〜ミリ単位の電磁波です。ここまで波長が短く
なると、同軸ケーブルは構造に起因する遮断周波数によって信号を伝送できなく
なってしまったり、ダイポールアンテナや八木アンテナなどは形状が小さすぎて
作ることができなくなってしまったりという性質が現れます。そこで、マイクロ
波用の伝送線路として導波管が、マイクロ波用のアンテナとしてパラボラアンテ
ナなどの独特なアンテナが作られて利用されてきました。

1 パラボラアンテナ

　マイクロ波用アンテナとして最も多用されているのがパラボラアンテナで、一
般家庭でも BS・CS 放送受信用のパラボラアンテナが設置されているのを多く見
かけます。

　パラボラアンテナは、ホーンアンテナなどの一次放射アンテナ（放射器）と、
そこから放出された電磁波を反射して一方向に集中的なビームを形成する反射鏡
から構成されています。

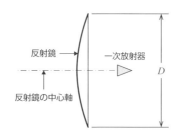

　反射鏡の直径 D が大きいほど、そして使用するマイクロ波の波長が短いほど、より先鋭なビームとなって強力な指向性を持ちます。パラボラアンテナの派生形として、次のような種類のものがあります。

1　オフセットパラボラアンテナ

　フルサイズのパラボラアンテナのうち一部分を切り取り、一次放射器をオフセットさせて配置したものをオフセットパラボラアンテナと呼んでいます。

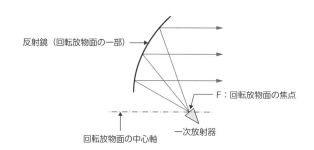

反射鏡（回転放物面の一部）

F：回転放物面の焦点

一次放射器

回転放物面の中心軸

　オフセットパラボラアンテナは、利得こそフルサイズのパラボラアンテナよりも落ちますが、小型軽量に作ることができるため、電界強度が十分に得られる環境であれば実用になります。一般家庭の衛星放送受信用アンテナのほか、VSATシステムの地球側子局のアンテナとしても広く利用されています。

2　カセグレンアンテナ

　一次放射器を主反射鏡側に配置するため、回転双曲面を持つ副反射鏡を配置し、放射された電磁波を合計 2 回反射させてビームを形成するものです。こうすることで、一次放射器に接続される導波管がビームの中を横切ることによる散乱や減衰などを抑えることができるため、大型のパラボラアンテナの主な形式として多用されているものです。副反射鏡の 2 つの焦点のうち、一方は主反射鏡の焦点と、他方は一次放射器の励振点と一致します。

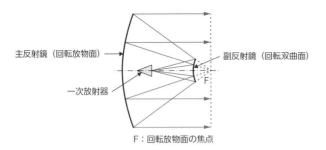

主反射鏡（回転放物面）→

副反射鏡（回転双曲面）

一次放射器→

F

F：回転放物面の焦点

カセグレンアンテナの副反射鏡の凹凸を逆にしたものは、グレゴリアンアンテナと呼ばれています。

2 電磁ホーンアンテナ

　パラボラアンテナの一次放射器として多用されるのが電磁ホーンアンテナです。このアンテナは、導波管の端部を徐々に広げた形で、導波管内を伝搬してきた電磁波がそのまま空間に放射されていくような構造となっています。

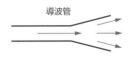

導波管

　ホーンの長さが長い（開き角が小さい）ほど、放射される電磁波は平面波に近づきます。

3 ホーンレフレクタアンテナ

　電磁ホーンアンテナの開口部に反射板を設け、一方向に指向性を持たせたものです。単体のアンテナとして用いられるほか、反射鏡アンテナ等の一次放射器としても用いられます。

4 ▶ スロットアレーアンテナ

　方形導波管の側面に、管内波長 λ_{g} の半分の距離おきに互い違いのスロットを設けたもので、マイクロ波用の高性能なアンテナとして動作するものです。スロットの数を多く設けるほど電波は広く拡散するような気がしますが、実は逆で、スロットが多ければ多いほど一方向に鋭いビームを放射するようになります。

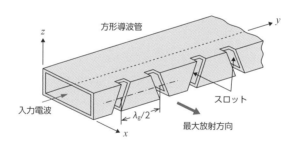

5 ▶ パラボラアンテナの利得計算

　パラボラアンテナに関する出題として、開口効率や利得計算が出題されることがあります。パラボラアンテナの利得は、次の式で求めることができます。

$$G = \frac{4\pi A}{\lambda^2} \times \eta$$

G：絶対利得（真数値）　A：反射鏡の開口面積　λ：電波の波長　η：開口効率

193

利得計算は頻出問題ではありませんし、この計算式は少々難しいので、苦手な方は後回しにしてもよいでしょう。

頻出項目をチェック！

1 ☐ オフセットパラボラアンテナは、パラボラアンテナのうち一部分を切り取り、一次放射器をオフセットさせて配置したものである。

2 ☐ カセグレンアンテナは、回転放物面の主反射鏡、回転双曲面の副反射鏡、一次放射器で構成され、送信における主反射鏡は、球面波から平面波への変換器として動作する。

3 ☐ カセグレンアンテナの副反射鏡の2つの焦点のうち、一方は主反射鏡の焦点と、他方は一次放射器の励振点と一致する。

4 ☐ 電磁ホーンアンテナは、パラボラアンテナの一次放射器として多用され、ホーンの長さが長いほど、放射される電磁波は平面波に近づく。

5 ☐ ホーンレフレクタアンテナは、電磁ホーンアンテナの開口部に反射板を設け、一方向に指向性を持たせたものである。

6 ☐ スロットアレーアンテナは、方形導波管の側面に、$\lambda_g/2$ の間隔で互い違いのスロットを設けたもので、スロットの数が多ければ多いほど水平面内の主ビーム幅は狭い。

練習問題

問1 カセグレンアンテナ

令和 4 年 6 月期 「無線工学 午前」問 19

次の記述は、図に示すカセグレンアンテナについて述べたものである。 内に入れるべき字句の正しい組合せを下の番号から選べ。

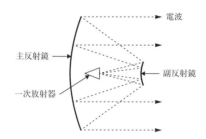

(1) 回転放物面の主反射鏡、回転双曲面の副反射鏡及び一次放射器で構成されている。副反射鏡の二つの焦点のうち、一方は主反射鏡の A と、他方は一次放射器の励振点と一致している。

(2) 送信における主反射鏡は、 B への変換器として動作する。

(3) 主放射方向と反対側のサイドローブが少なく、かつ小さいので、衛星通信用地球局のアンテナのように上空に向けて用いる場合、 C からの熱雑音の影響を受けにくい。

	A	B	C
1	開口面	球面波から平面波	大地
2	開口面	球面波から平面波	自由空間
3	開口面	平面波から球面波	大地
4	焦点	平面波から球面波	自由空間
5	焦点	球面波から平面波	大地

解答 5

パラボラアンテナの原理は、虫眼鏡で光を一点に収束させることと基本的に同じです。虫眼鏡の焦点に当たる位置に一次放射器を置き、そこから広がった球面波が副反射鏡・反射鏡と反射し、平行に伝搬する平面波に変換されます。

このアンテナは原理的に非常に指向性が鋭いため、上空に向けて設置した場合、大地や人工物などから発生する熱雑音の影響を受けにくくなります。

問2 電磁ホーンアンテナ

令和3年10月期 「無線工学 午前」問17

次の記述は、電磁ホーンアンテナについて述べたものである。このうち正しいものを下の番号から選べ。

1 給電導波管の断面を徐々に広げて、所要の開口を持たせたアンテナである。
2 インピーダンス特性は、ホーン部分が共振するため狭帯域である。
3 ホーンの開き角を大きくとるほど、放射される電磁波は平面波に近づく。
4 角錐ホーンは、短波（HF）帯アンテナの利得を測定するときの標準アンテナとしても用いられる。
5 開口面積が一定のとき、ホーンの長さを短くすると利得は大きくなる。

解答 1

選択肢2について、ホーン部分は共振しません。選択肢3は、開き角を小さくするほど平面波に近づきます。選択肢4について、角錐ホーンはマイクロ波帯のアンテナの利得を測定するときの標準アンテナとして用いられます。選択肢5は、ホーンの長さを長くするほど利得は大きくなります。一般に、アンテナは物理形状が大きくなるほど利得が大きくなります。

問3 スロットアレーアンテナ

令和3年6月期 「無線工学 午後」問18

次の記述は、図に示すレーダーに用いられるスロットアレーアンテナについて述べたものである。 ____ 内に入れるべき字句の正しい組合せを下の番号から選べ。ただし、方形導波管の xy 面は大地と平行に置かれており、管内を伝搬する TE_{10} モードの電磁波の管内波長を λ_g とする。

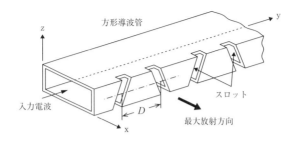

(1) 方形導波管の側面に、　A　の間隔（D）ごとにスロットを切り、隣り合うスロットの傾斜を逆方向にする。通常、スロットの数は数十から百数十程度である。

(2) 隣り合う一対のスロットから放射される電波の電界の水平成分は同位相となり、垂直成分は逆位相となるので、スロットアレーアンテナ全体としては水平偏波を放射する。水平面内の主ビーム幅は、スロットの数が多いほど　B　。

	A	B
1	$\lambda_g/4$	広い
2	$\lambda_g/4$	狭い
3	$\lambda_g/2$	広い
4	$\lambda_g/2$	狭い

解答　4

スロットアレーアンテナは、隣り合うスロットの間隔が $\lambda_g/2$ で、隣同士を逆向きに傾斜させたものです。こうすることにより、水平面は同位相、垂直面が逆位相となって電磁波が染み出してくることになります。水平面内の主ビーム幅は、スロットの数が多いほど狭くなります。

問4 開口効率の値　　　　　令和3年2月期 「無線工学　午後」問17

21〔GHz〕の周波数の電波で使用する回転放物面の開口面積が 0.5〔m^2〕で絶対利得が 43〔dB〕のパラボラアンテナの開口効率の値として、最も近いものを下の番号から選べ。

$$1\quad 69 \, (\%) \qquad 2\quad 65 \, (\%) \qquad 3\quad 61 \, (\%) \qquad 4\quad 57 \, (\%) \qquad 5\quad 53 \, (\%)$$

解答 2

$G = \dfrac{4\pi A}{\lambda^2} \times \eta$ の式を用います。まず 21GHz の電磁波の波長は、

$$\lambda = \frac{3 \times 10^8}{21 \times 10^9} = \frac{1}{70}$$

であり、43dB = 40dB + 3dB より、真数にすると 10,000 × 2 = 20,000 倍ということになります（➡ p.94 参照）。以上から、

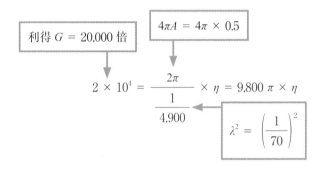

$$\therefore \eta = \frac{2 \times 10^4}{9,800\,\pi} = 0.6499\cdots$$

となり、約 65 〔%〕と求まります。

問5 反射鏡アンテナ　　　　　　　　　　　平成 30 年 6 月期 「無線工学 午前」問 17

次の記述は、衛星通信に用いられる反射鏡アンテナについて述べたものである。このうち誤っているものを下の番号から選べ。

1　回転放物面を反射鏡に用いたパラボラアンテナは、高利得のファン
　　ビームのアンテナであり、回転放物面の焦点に置かれた一次放射器
　　から放射された電波は、反射鏡により球面波となって放射される。

2　衛星からの微弱な電波を受信するため、大きな開口面を持つ反射鏡
　　アンテナが利用される。

3　主反射鏡に回転放物面を、副反射鏡に回転双曲面を用いるものにカ
　　セグレンアンテナがある。

4　反射鏡の開口面積が大きいほど前方に尖鋭な指向性が得られる。

解答　1

ファンビームというのは、水平面もしくは垂直面の一方が鋭く、他方が幅広い指
向特性を指します（例：スロットアレーアンテナ）。パラボラアンテナのように
一方向に鋭い指向性を持った電波は、ペンシルビームと呼ばれます。

問6 アンテナの名称　　　　　　　　　　　平成 29 年 6 月期　「無線工学　午後」問 18

図は、マイクロ波（SHF）帯で用いられるアンテナの原理的な構成例を示したも
のである。このアンテナの名称として、正しいものを下の番号から選べ。

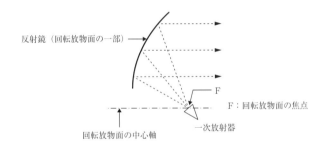

反射鏡（回転放物面の一部）
F
F：回転放物面の焦点
一次放射器
回転放物面の中心軸

1　カセグレンアンテナ

2　コーナレフレクタアンテナ

3　ブラウンアンテナ

4　オフセットパラボラアンテナ

5　ホーンレフレクタアンテナ

解答　4

これはオフセットパラボラアンテナの構成図です。

Lesson 01　等価地球半径

学習のポイント　　　　　　　　　重要度 ★★★ ☆ ☆

● 電波が地表の見通し距離内を伝搬する場合、完全に一直線に伝搬するのではなく、地表に沿って少しずつ曲がりながら伝搬します。等価地球半径の計算式の定数を覚えておきましょう。

1　大気の屈折率と電波伝搬

　電波や光の速度は1秒間に30万kmですが、これは真空中の値で、大気中や水中など、何らかの物体の中を通過する際は、30万km/sよりも遅くなる性質を持っています。地球表面は、地表に近いほど空気の密度が大きくなるため、わずかではあるものの電波は地表面に沿って曲がって伝搬します。

2　電波の見通し距離

　マイクロ波帯を使用して遠距離の通信回線を設定する際は、中継局の立地条件とともに、相互の見通し距離を見積もることが重要です。そのため、電波経路を直線として表すための計算が必要になります。幾何学的見通し距離と、大気の屈折率を考慮した見通し距離の二つの数値のほか、種々の条件を勘案して伝搬特性を推定します。

1　幾何学的見通し距離

　幾何学的見通し距離は、大気の屈折率を考慮せず、あくまでも図面上で計算した通りの見通し距離のことです。計算式は、送信アンテナと受信アンテナの地上高をそれぞれ h_1〔m〕・h_2〔m〕として、

$$d \fallingdotseq 3.57 \left(\sqrt{h_1} + \sqrt{h_2} \right) 〔km〕$$

となります。

2　屈折率を考慮した見通し距離

　大気の屈折率を考慮した見通し距離は、幾何学的見通し距離よりも長くなります。等価地球半径係数 K というのは、実際の地球の半径に対して、屈折率を考慮した場合の見掛け上の地球の半径が何倍になるかという係数で、この値は通常 4/3 を用います。このときの見通し距離は、送信アンテナと受信アンテナの地上高をそれぞれ h_1 〔m〕・h_2 〔m〕として、

$$d = 4.12 \left(\sqrt{h_1} + \sqrt{h_2} \right) \text{〔km〕}$$

となります。

以上の 2 式は、前知識なく問われることがありますから、係数の値と式の内容は、暗記しておきましょう。

ゴロ合わせで覚えよう！　　電波の見通し距離

キッカーの　　　見通しは、
（幾何学的見通し距離）　（3.57）

苦～～～～～～～～～～しい
（屈折率を考慮した見通し距離）　（4.12）

幾何学的見通し距離の公式は、$d = 3.57 \left(\sqrt{h_1} + \sqrt{h_2} \right)$ 〔km〕で、屈折率を考慮した見通し距離の式は、$d = \underline{4.12} \left(\sqrt{h_1} + \sqrt{h_2} \right)$ 〔km〕である。

1 ☐ 等価地球半径係数 K を $K = 1$ としたときの、球面大地での見通し距離 d は、$d ≒ 3.57 \left(\sqrt{h_1} + \sqrt{h_2} \right)$ 〔km〕である。

2 ☐ 等価地球半径係数 K を $K = 4/3$ としたときの、球面大地での見通し距離 d は、$d ≒ 4.12 \left(\sqrt{h_1} + \sqrt{h_2} \right)$ 〔km〕である。

✎ 練 習 問 題 ▶▶▶

問1 見通し距離を求める式　　　　　令和4年6月期 「無線工学　午後」問21

大気中において、等価地球半径係数 K を $K = 1$ としたときの、球面大地での見通し距離 d を求める式として、正しいものを下の番号から選べ。ただし、h_1 〔m〕及び h_2 〔m〕は、それぞれ送信及び受信アンテナの地上高とする。

1　$d ≒ 3.57 \left(h_1^2 + h_2^2 \right)$ 〔km〕
2　$d ≒ 4.12 \left(h_1^2 + h_2^2 \right)$ 〔km〕
3　$d ≒ 3.57 \left(\sqrt{h_1} + \sqrt{h_2} \right)$ 〔km〕
4　$d ≒ 4.12 \left(\sqrt{h_1} + \sqrt{h_2} \right)$ 〔km〕

解答　3

等価地球半径係数 $K = 1$ としたときは、大気中の電波の屈折を考慮しない幾何学的な見通し距離の式 $3.57 \left(\sqrt{h_1} + \sqrt{h_2} \right)$ 〔km〕です。

問2 見通し距離を求める式　　　　　令和2年10月期 「無線工学　午前」問20

大気中における電波の屈折を考慮して、等価地球半径係数 K を $K = 4/3$ としたときの、球面大地での電波の見通し距離 d を求める式として、正しいものを下の

番号から選べ。ただし、h_1〔m〕及びh_2〔m〕は、それぞれ送信及び受信アンテナの地上高とする。

1　$d ≒ 3.57 (h_1^2 + h_2^2)$〔km〕

2　$d ≒ 4.12 (h_1^2 + h_2^2)$〔km〕

3　$d ≒ 3.57 (\sqrt{h_1} + \sqrt{h_2})$〔km〕

4　$d ≒ 4.12 (\sqrt{h_1} + \sqrt{h_2})$〔km〕

解答　4

屈折を考慮して求める見通し距離の式は、$4.12 (\sqrt{h_1} + \sqrt{h_2})$〔km〕です。$3.57 (\sqrt{h_1} + \sqrt{h_2})$〔km〕は、大気中の電波の屈折を考慮しない、幾何学的な見通し距離の式です。

問3 等価地球半径等　　　　令和3年10月期　「無線工学　午後」問20

次の記述は、極超短波（UHF）帯の対流圏内電波伝搬における等価地球半径等について述べたものである。このうち誤っているものを下の番号から選べ。ただし、大気は標準大気とする。

1　大気の屈折率は、地上からの高さとともに減少し、大気中を伝搬する電波は送受信点間を弧を描いて伝搬する。

2　送受信点間の電波の通路を直線で表すため、仮想した地球の半径を等価地球半径という。

3　電波の見通し距離は、幾何学的な見通し距離よりも長い。

4　等価地球半径は、真の地球半径を3/4倍したものである。

解答　4

3/4倍ではなく、4/3倍です。

Lesson 02 VHF・UHF 帯の電波伝搬

学習のポイント　　　　　重要度 ★★★★☆

● VHF・UHF 帯の電波伝搬は、アンテナ間を直接伝搬する直接波以外に、建物による反射や異常伝搬など、様々な要素によって支配されています。その概要は大変良く出題されています。

1　基本的な伝搬特性

　低い音は遠方まで響いて届くのと同じように、一般的に電波も低い周波数ほど遠くに届く性質を持ちます。なかでも長波や中波などの電波は、地表を伝って山の陰などにも回り込んで遠方まで届きます。高い周波数になるほど、光のように一直線に進み、山の陰には回り込まない代わりにビルなどの建物で反射する性質を持ちます。

周波数が高い場合

- ・直進性が高くなり、光のように進む。
- ・多くの情報を乗せることができる。
- ・通信可能範囲は、基本的に見通し距離内となる。
- ・波長が短いので、小型でも高性能なアンテナを作ることができる。
- ・ビルや建物で反射する性質を持つ。
- ・電離層を突き抜けるため、電離層反射通信を行うことはできない。

周波数が低い場合

- ・建物や山の陰にも回り込むことができる。
- ・多くの情報を乗せることはできない。
- ・地表を伝って遠方まで伝搬する性質を持つ。
- ・波長が長いため、アンテナの物理的形状が大きくなる。

・悪天候の影響は受けにくい。

・特に短波帯は電離層反射によって非常に遠くまで伝搬する。

2　直接波と大地反射波

　アンテナ同士が見通せる場合、どんな状況においても安定した通信が可能なように思えますが、アンテナ間を直接伝わる直接波と、一回大地で反射して届く大地反射波が干渉する性質を持つため、送受信アンテナの距離や地上高によって、電界強度が大きくなったり小さくなったりする現象が現れます。このとき、受信点の高さと電界強度の関係を示したグラフをハイトパターンと呼び、一般的に次のような形の曲線となります（下図）。

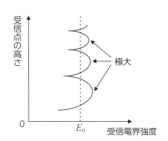

3　異常伝搬

　夏場の日中、太陽活動の影響によって突発的に非常に電子密度が高い電離層がE層付近に発生することがあります。これをスポラジックE層と呼び、通常は反射しないVHF帯の電波を強力に反射することがあります。

電離層

・地上数十〜数百kmの高度に発生する電子の層で、短波帯以下の電波を強力に反射する性質を持つ。

・下部からD層・E層・F層と名付けられ、短波通信最盛期の頃は電離層反射波が多く利用された。

スポラジックE層は、アマチュア的には通常交信ができない遠距離と容易に通信ができるエキサイティングな現象ですが、業務通信の場合は思わぬ遠方に強い混信を与えてしまう現象ですから、歓迎されるものではありません。

頻出項目をチェック！

1 ☐ スポラジックE層の発生は不規則で局所的であり、夏季の昼間に多く発生する。

2 ☐ スポラジックE層は、通常反射しないVHF帯の電波を強力に反射する。

こんな選択肢は誤り！

スポラジックE層は、数カ月連続することが多い。
短時間で消滅します。

スポラジックE層は、F層と同じ高さに発生する。
E層と同じ高さに発生します。

練習問題

問1 VHF帯の電波の伝搬　　　　令和3年2月期 「無線工学 午前」問20

次の記述は、VHF帯の電波の伝搬について述べたものである。このうち誤っているものを下の番号から選べ。

1 標準大気中を伝搬する電波の見通し距離は、幾何学的な見通し距離より短くなる。

2 スポラジックE（Es）層と呼ばれる電離層によって、見通し外の遠方まで伝わることがある。

3 地形や建物の影響は、周波数が高いほど大きい。

4 見通し距離内では、受信点の高さを変化させると、直接波と大地反射波との干渉により、受信電界強度が変動する。

解答 1

幾何学的な見通し距離よりも長くなります。

問2 スポラジックE（Es）層 令和元年10月期 「無線工学 午後」問21

次の記述は、スポラジックE（Es）層について述べたものである。このうち正しいものを下の番号から選べ。

1 スポラジックE（Es）層は、F層とほぼ同じ高さに発生する。

2 スポラジックE（Es）層の電子密度は、D層より小さい。

3 通常E層を突き抜けてしまう超短波（VHF）帯の電波が、スポラジックE（Es）層で反射され、見通しをはるかに越えた遠方まで伝搬することがある。

4 スポラジックE（Es）層は、我が国では、冬季の夜間に発生することが多い。

5 スポラジックE(Es)層は、比較的長期間、数ヶ月継続することが多い。

解答 3

選択肢1は、F層ではなく、E層とほぼ同じ高さに発生します。選択肢2は、電子密度はD層よりも大きく、通常反射しないVHF帯の電波を強力に反射します。選択肢4は、夏季の昼間に多く発生します。選択肢5は、数ヶ月継続するのではなく、数分～数十分程度の短時間発生します。

次の記述は、図に示す極超短波（UHF）帯の見通し距離の近くにおける受信電界強度のハイトパターンについて述べたものである。 内に入れるべき字句の正しい組合せを下の番号から選べ。

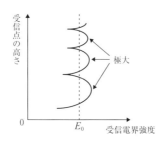

(1)　受信アンテナの高さを変化させると、直接波と A との通路差が変わるため、受信電界強度は、両波の B によって直接波の電界強度 E_0 より強くなったり弱くなったり変化し、これを表す変化曲線をハイトパターンという。

(2)　受信電界強度の極大値は、理論的に地表面が平滑で完全導体と仮定した場合、真数値で比較すると E_0 の C になる。

	A	B	C
1	散乱波	干渉	2倍
2	散乱波	減衰	2倍
3	大地反射波	干渉	2倍
4	大地反射波	減衰	1.4倍
5	大地反射波	干渉	1.4倍

解答　3

地表面が平滑で完全導体の場合、電波は吸収されることなくそのまま反射されます。このとき、直接波と大地反射波が同じ大きさで受信点に到達しますから、受信電界強度は2倍になります。

マイクロ波の電波伝搬

Lesson 03

学習のポイント　　　　　　　重要度 ★★★★☆

● マイクロ波は電離層の影響を受けませんが、建物反射波などによる干渉、大気状態によって発生するラジオダクト、ナイフエッジなどの影響を考慮する必要が生じてきます。

1　直接波の伝搬

　マイクロ波帯は、波長が数cm～数mm単位となるため、非常に鋭い指向性を持ったアンテナ（パラボラアンテナ）を利用することができます。したがって、アンテナ間の直接波を用いた通信が主となります。このとき、当然送受信点間が離れるほど電界強度は弱くなるわけですが、この自由空間基本伝送損失を計算する問題が出題されることがあります。

　自由空間基本伝送損失 Γ_0 は、次の式で与えられます。

$$\Gamma_0 = \left(\frac{4\pi d}{\lambda}\right)^2$$

　ただし Γ_0 は真数ですから、減衰量を dB 単位にするためには、$10\log_{10}$ を取って dB に変換する必要があります。

2　直接波と反射波・回折波の干渉

　送受信アンテナ間に電波を反射する建物などが存在したり、見通し線上に鋭いナイフエッジ上の山岳稜線などが存在したりする場合、反射波や回折波などの干渉によって想定外の電界強度の低下などが起こることがあるため、これらについては事前に十分検討しなければなりません。

1 ナイフエッジ

　ナイフエッジというのは、その名の通りナイフの刃のような物体のことで、具体的にはマイクロ波の伝搬経路上に存在する建物や山岳の稜線などが該当します。

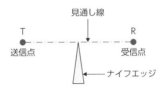

　送受信点間の見通し線上にナイフエッジが存在する場合、電波伝搬は次のような性質を持ちます。

ナイフエッジが存在する電波伝搬の性質

> ・見通し線より上側では、ナイフエッジによる回折波との干渉により電波が強めあったり弱めあったりする。
> ・見通し線より下側では、ナイフエッジによる回折波が到達し、受信点を低くするほど電界強度は低下する。
> ・見通し線上では、自由空間の電界強度のほぼ半分となる。

　とくに、見通し線より上方では、互いに見通せているにもかかわらず、回折波との干渉によって信号強度が小さくなってしまう場合があることに注意する必要があります。

2 第1フレネルゾーン

　マイクロ波の送受信点間を直接見通す見通し線の周囲に、見通し距離とちょうど $\lambda/2$ だけ伝搬経路長が長くなる回転楕円体を想定したとき、その領域内のことを第1フレネルゾーンと呼んでいます。この内部に建物などの電波反射体が存在すると、建物反射波と直接波の位相差が $\lambda/2$ となり、互いに逆相となって

弱めあってしまう可能性が高くなります。

　したがって、この内部に建物等が存在しないように送受信点のアンテナ高さなどを設計します。

Lesson 03

マイクロ波の電波伝搬

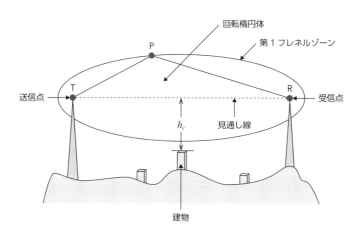

　このとき、回線途中にある山や建物等の障害物と見通し線との距離 h_c のことを**クリアランス**と呼んでいます。

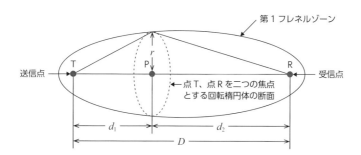

　回転楕円体中、送信点 T から R の方向に測った距離を d_1〔m〕、そこから R までの距離を d_2〔m〕、電波の波長を λ〔m〕とすると、図中 r〔m〕の長さは、

$$r \fallingdotseq \sqrt{\frac{\lambda \, d_1 d_2}{d_1 + d_2}}$$

で求めることができます。

ラジオダクトは、主に海表面で異常に温度が低い逆転層が形成されることにより、逆転層と海表面の間をマイクロ波が伝搬して遠方に届く現象で、これが可視光線で起こるものを蜃気楼と呼んでいます。ラジオダクトが発生すると、通常遠方までは届かないマイクロ波が異常伝搬を起こし、遠方に混信を与える原因となります。

ラジオダクトの発生は、地表面や海表面から上空に向けての屈折率変化をグラフにした M 曲線（修正屈折率曲線）から知ることができます。通常は図1のようにほぼまっすぐな一直線ですが、海表面と大気中との間で屈折率が逆転し、海表面を遠方まで伝搬する接地型ラジオダクトが発生しているときは図2のようになり、上空の大気空間中に逆転層が発生している S 型ラジオダクトが発生しているときは図3のようになります。

図1 通常の大気状態の M 曲線

図2 接地型ラジオダクトが発生
しているときの M 曲線

図3 S 型ラジオダクトが発生
しているときの M 曲線

無線回線は、その性質上、どうしても伝搬途中の雑音や歪みが加わるため、受

信した信号にエラーが含まれることが避けられません。これに対する策として、伝搬経路や送受信装置、アンテナなどの特性を改善する方法がありますが、それらとは別に、歪んだ信号に対して逆特性の回路を通し、元通りの信号波形に戻すという対策も考えられます。このような回路は等化回路や等化器などと呼ばれ、周波数特性の歪みを補正したり時間的なタイミングのばらつきを元に復元したりすることで符号誤り率を改善します。

✔ 頻出項目をチェック！

1 ☐ 自由空間基本伝送損失 Γ_0 を求める式は、$\Gamma_0 = \left(\dfrac{4\pi d}{\lambda}\right)^2$ である。

2 ☐ 送受信点間の見通し線上にナイフエッジが存在する場合、見通し線より下側では、ナイフエッジによる回折波が到達し、受信点を低くするほど電界強度は<u>低下</u>する。

3 ☐ 送受信点間の見通し線上にナイフエッジが存在する場合、見通し線上では、自由空間の電界強度のほぼ<u>半分</u>となる。

4 ☐ マイクロ波の送受信点間を直接見通す見通し線の周囲に、見通し距離とちょうど $\lambda/2$ だけ伝搬経路長が長くなる回転楕円体を想定したとき、その領域内のことを<u>第1フレネルゾーン</u>と呼ぶ。

5 ☐ 第1フレネルゾーンの回転楕円体の断面の半径 r 〔m〕は、送信点から点Pまでの距離を d_1 〔m〕、点Pから受信点Rまでの距離を d_2 〔m〕、波長を λ 〔m〕とすると、$r \fallingdotseq \sqrt{\dfrac{\lambda d_1 d_2}{d_1 + d_2}}$ で求められる。

問1 第1フレネルゾーン

令和3年2月期 「無線工学 午後」問21

次の記述は、図に示すマイクロ波回線の第1フレネルゾーンについて述べたものである。□□□内に入れるべき字句の正しい組合せを下の番号から選べ。

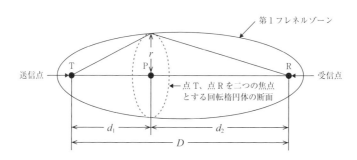

(1) 送信点Tから受信点R方向に測った距離 d_1 〔m〕の点Pにおける第1フレネルゾーンの回転楕円体の断面の半径 r 〔m〕は、点Pから受信点Rまでの距離を d_2 〔m〕、波長を λ 〔m〕とすれば、次式で与えられる。

$r \fallingdotseq \boxed{\text{A}}$

(2) 周波数が6〔GHz〕、送受信点間の距離 D が9〔km〕であるとき、d_1 が3〔km〕の点Pにおける r は、約 $\boxed{\text{B}}$ である。

	A	B
1	$\sqrt{\lambda d_1 / (d_1 + d_2)}$	4〔m〕
2	$\sqrt{\lambda d_1 / (d_1 + d_2)}$	5〔m〕
3	$\sqrt{\lambda d_1 d_2 / (d_1 + d_2)}$	6〔m〕
4	$\sqrt{\lambda d_1 d_2 / (d_1 + d_2)}$	8〔m〕
5	$\sqrt{\lambda d_1 d_2 / (d_1 + d_2)}$	10〔m〕

解答 5

題意の値を代入して計算すると、

$$r \fallingdotseq \sqrt{\frac{\lambda\, d_1 d_2}{d_1 + d_2}} = \sqrt{\frac{3 \times 10^8}{6 \times 10^9} \times \frac{3000 \times 6000}{9000}} = 10 \ で、$$

r の値は約 10〔m〕と求まります。

問2 *M* 曲線　　　　　　　　　令和4年10月期　「無線工学　午前」問21

次の記述は、図に示す対流圏電波伝搬における *M* 曲線について述べたものである。　　　内に入れるべき字句の正しい組合せを下の番号から選べ。

(1) 標準大気のときの *M* 曲線は、　A　である。

(2) 接地形ラジオダクトが発生しているときの *M* 曲線は、　B　である。

(3) 接地形ラジオダクトが発生すると、電波は、ダクト　C　を伝搬し、見通し距離外まで伝搬することがある。

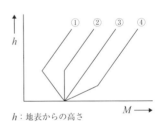

h：地表からの高さ

	A	B	C
1	③	①	内
2	③	④	内
3	②	④	内
4	②	④	外
5	②	①	内

解答 1

標準大気のときの *M* 曲線は、③のようにほぼまっすぐな一直線です。接地形ラジオダクトは、地面から上空に向けて「く」の字形に屈折率が変化している場合に起こります。

問3 ナイフエッジ　　　　　　　令和3年2月期　「無線工学　午後」問20

次の記述は、図に示すマイクロ波通信の送受信点間の見通し線上にナイフエッジがある場合、受信地点において、受信点の高さを変化したときの受信点の電界強度の変化などについて述べたものである。このうち誤っているものを下の番号から選べ。ただし、大地反射波の影響は無視するものとする。

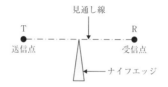

1 見通し線より上方の領域では、受信点を高くするにつれて受信点の電界強度は、自由空間の伝搬による電界強度より強くなったり、弱くなったり、強弱を繰り返して自由空間の伝搬による電界強度に近づく。

2 見通し線より下方の領域では、受信点を低くするにつれて受信点の電界強度は低下する。

3 受信点の電界強度は、見通し線上では、自由空間の電界強度のほぼ 1/4 となる。

4 見通し線より下方の領域へは、ナイフエッジによる回折波が到達する。

解答 3

1/4 ではなく 1/2 が正しい値です。

問4 電波伝搬 令和3年10月期 「無線工学 午後」問21

次の記述は、マイクロ波回線における電波伝搬について述べたものである。□□ 内に入れるべき字句の正しい組合せを下の番号から選べ。

(1) 自由空間基本伝送損失 Γ_0（真数）は、送受信アンテナ間の距離を d〔m〕、使用電波の波長を λ〔m〕とすると、次式で与えられる。

$$\Gamma_0 = \boxed{\text{ A }}$$

(2) 送受信アンテナ間の距離を 5〔km〕、使用周波数を 7.5〔GHz〕とした場合の自由空間基本伝送損失の値は、約 $\boxed{\text{ B }}$ である。ただし、$\log_{10} 2 = 0.3$ 及び $\pi^2 = 10$ とする。

	A	B
1	$(4\pi d/\lambda)^2$	121〔dB〕
2	$(4\pi d/\lambda)^2$	124〔dB〕
3	$(4\pi d/\lambda)^2$	128〔dB〕
4	$(4\pi \lambda/d)^2$	134〔dB〕
5	$(4\pi \lambda/d)^2$	140〔dB〕

マイクロ波の電波伝搬

解答 2

自由空間基本伝送損失の式は、選択肢 1 ～ 3 にあるものが正解です。

設問（2）については、この式に当てはめて計算すると、

$$\Gamma_0 = \left(\frac{4\pi d}{\lambda}\right)^2 = \frac{4^2 \times \pi^2 \times 5{,}000^2}{\left(\frac{3 \times 10^8}{7.5 \times 10^9}\right)^2} = \frac{4^2 \times \pi^2 \times 5{,}000^2 \times 7.5^2 \times 10^{18}}{9 \times 10^{16}}$$

$$\boxed{\pi^2 = 10 \text{ より}}$$

$$= \frac{(4 \times 7.5)^2 \times 10 \times 5^2 \times 1{,}000^2 \times 10^2}{9} = 2.5 \times 10^{12}$$

と求まります。これを dB 値に変換すれば答えになります。なお、減衰度ですから、

$\frac{1}{2.5 \times 10^{12}}$ であることに注意すると、$2.5 \times 4 = 10$ になる点に着目して、

$$\frac{1}{2.5 \times 10^{12}} = \frac{1}{2.5 \times 4 \times 10^{12}} \times 4 = \frac{1}{10 \times 10^{12}} \times 2 \times 2$$

より、$\frac{1}{10 \times 10^{12}}$ が － 130dB、2 倍が 3dB ですので、答えは － 130 ＋ 3 ＋ 3 ＝ － 124〔dB〕と求まります。

Lesson 04 ダイバーシティ方式

学習のポイント　　　　　　　　　重要度 ★★★★★

● 安定した無線通信を行うために、アンテナを複数設置して電波伝搬の
不安定さをカバーしたり、帯域幅を広げたりする技術が実用化されて
います。原理を理解すれば難しくありません。

　無線通信は、空間内を伝搬する電波を用いて情報伝送を行います。その原理上、どうしても建物や山に電波を遮られたり、複数の反射波が干渉しあって信号が弱い点が存在したりするなどの欠点が生まれます。これを解消するため、空間的に離れた位置に複数のアンテナを設置し、最も良好な受信状態のアンテナからの信号を利用する、という考え方が生まれました。現在では、デジタル無線通信が普及したこともあり、さらに様々な形のダイバーシティ方式が実用化されています。

1 スペース（空間）ダイバーシティ

　もっとも初期から活用されているもので、複数のアンテナを空間的に離れた場所に設置し、それらの受信信号のうち最も強力なものを選択するか、あるいは位相を合わせて合成することで受信状態の改善を図るものです。

2 ルートダイバーシティ

　中継回線の伝搬経路を複数設けておき、気象条件その他によって中継回線が不安定になっても、他方の回線を用いて中継できるようにしたものです。電波×電波のルートダイバーシティのほか、電波×光ファイバ回線など、有線通信と無線通信を組合せることもあります。

3 ▶ 偏波ダイバーシティ

　送信される電波は、アンテナが水平だと電界面が地面に対して水平に振幅する水平偏波、垂直だと垂直偏波になります。しかし、伝搬途中で反射したり回折したりした電波は、受信アンテナに届く際の偏波面が複雑に変化していることが多くあります。したがって、同一受信点であっても水平偏波と垂直偏波成分の両方を受信し、受信状態が良好な方を選択する、もしくは位相を合わせて合成することで受信状態の改善を図る方式です。

4 ▶ 周波数ダイバーシティ

　電波の伝搬状態は、周波数によって非常に大きく影響を受けます。また、同じ周波数帯域を使用したとしても、微小な周波数の変化＝波長の微小な変化により、ある受信点において位相が弱めあって受信状態が悪い現象を改善できることがあります。また、例えば800MHz帯と1.5GHz帯など、離れた周波数帯域を用いると、受信状態には劇的な差が生まれることがあります。このように、複数の周波数で情報を送れば、ある周波数で受信状態が悪いことを補完できる可能性があります。これを周波数ダイバーシティと呼んでいます。

5 ▶ 時間ダイバーシティ

　特に対移動体通信に有効な手法で、同じ情報を、時間差を置いて再送信するものです。時間が掛かってしまうため実効的な伝送速度が落ちてしまいますが、ある地点で受信状態が悪かったとしても再送された情報でそれを補完することができれば、正常に通信を行うことができるわけです。アナログ通信時代にはあまり考えにくい方式でしたが、デジタルパケット通信全盛となってから利用され出した概念です。

6 ▶ MIMO

　これもデジタル無線全盛時代になってから実用化された概念です。MIMO（マ

Lesson
04

ダイバーシティ方式

イモと読みます）とは、Multiple Input Multiple Output の略で、複数のアンテナを用いて行う通信技術のことです。アナログ無線通信時代は、通信途中に混信が起こると通信品質が損なわれるため、可能な限り帯域を狭くすることで混信や雑音から逃れていました。

それに対して、特に CDM 方式が実用化されてからは、**信号を拡散して複数の通信を重畳させ、受信側で逆拡散することで通信を取り出すことができるように**なりました。これにより、送信側 N 本、受信側 M 本のアンテナを配置することで、$N \times M$ 本の通信回線を設定したと見なせるようになりました。その結果、周波数利用効率が劇的に向上したほか、時間ダイバーシティ技術などとの併用により、回線の信頼性も飛躍的に向上させることができます。

なお、送信側一本（Single）受信側一本を SISO、送信側一本受信側複数を SIMO、送信側複数受信側一本を MISO、送信側複数受信側複数を MIMO と呼ぶこともあります。

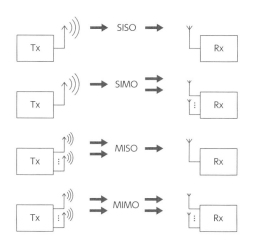

7 アダプティブアレイアンテナ

SIMO や MIMO を応用した技術の一種で、複数の受信アンテナを設置し、それぞれの受信アンテナによって得られた信号の振幅や位相を調整して合成することにより電気的に指向性を変化させることができるようにする技術を指します。この場合、対象信号に指向性を向けるように調整することはもちろん可能ですが、

逆に位相が逆相となって打ち消しあってしまう方向（ヌル点）を妨害波の発生源に向けることにより、電気的に雑音を抑圧することもできます。

　アダプティブアレイアンテナの信号合成技術は、超高速に信号処理を行うことが可能なプロセッサーが開発されたことによって可能となり、無線 LAN 技術などとしても実用化されています。

1 ☐ ダイバーシティ方式とは、同時に回線品質が劣化する確率が<u>小さい</u>複数の通信系を設定して、その受信信号を切り替えるか又は合成することで、フェージングによる信号出力の変動を軽減するための方法である。

2 ☐ MIMO では、複数のアンテナで受信された信号を、<u>高速な信号処理</u>によってアンテナ毎の信号に分離することができ、<u>高速伝送</u>を実現している。

問1 ダイバーシティ方式　　　　　　　令和3年2月期　「無線工学　午後」問11

次の記述は、ダイバーシティ方式について述べたものである。このうち誤っているものを下の番号から選べ。

1　垂直偏波と水平偏波のように直交する偏波のフェージングの影響が異なることを利用したダイバーシティ方式を、偏波ダイバーシティ方式という。

2　周波数によりフェージングの影響が異なることを利用して、二つの異なる周波数を用いるダイバーシティ方式を、周波数ダイバーシティ方式という。

3　ダイバーシティ方式は、同時に回線品質が劣化する確率が大きい複

数の通信系を設定して、その受信信号を切り替えるか又は合成する
ことで、フェージングによる信号出力の変動を軽減するための方法
である。

4 2基以上のアンテナを空間的に離れた位置に設置して、それらの受
信信号を切り替えるか又は合成するダイバーシティ方式を、スペー
スダイバーシティ方式という。

解答 3

同時に回線品質が劣化する確率が大きい複数の通信系を用いてしまうと、ダイ
バーシティの効果が薄くなってしまいます。

問2 ダイバーシティ方式　　　　　　令和元年 6 月期 「無線工学 午前」問 12

次の記述は、マイクロ波通信等におけるダイバーシティ方式について述べたもの
である。□□□内に入れるべき字句の正しい組合せを下の番号から選べ。

(1) ダイバーシティ方式とは、同時に回線品質が劣化する確率が □ A □
二つ以上の通信系を設定して、それぞれの通信系の出力を選択又は
合成することによりフェージングの影響を軽減するものである。

(2) 十分に遠く離した二つ以上の伝送路を設定し、これを切り替えて使
用する方法は □ B □ ダイバーシティ方式といわれる。

(3) 二つの受信アンテナを空間的に離すことにより二つの伝送路を構成
し、この出力を選択又は合成する方法は □ C □ ダイバーシティ方
式といわれる。

	A	B	C
1	大きい	ルート	偏波
2	大きい	周波数	スペース
3	大きい	ルート	スペース
4	小さい	周波数	偏波
5	小さい	ルート	スペース

解答 5

電波の受信状態は、伝搬経路や偏波面、周波数などによって変化します。状況に応じてそれらを取捨選択して組合せることで、最も受信状態の良い状態を保つというのがダイバーシティの基本的な考え方です。

問3 MIMO の特徴

令和 2 年 2 月期　「無線工学　午後」問 12

次の記述は、無線 LAN や携帯電話などで用いられる MIMO（Multiple Input Multiple Output）の特徴などについて述べたものである。　　　内に入れるべき字句の正しい組合せを下の番号から選べ。

(1) MIMO では、送信側と受信側の双方に複数のアンテナを設置し、送受信アンテナ間に複数の伝送路を形成して、　A　多重伝送による伝送容量の増大の実現を図ることができる。

(2) 例えば、ある基地局からある端末への通信（下りリンク）において、基地局の複数の送信アンテナから異なるデータ信号を送信しつつ、端末の複数の受信アンテナで信号を受信し、　B　により送信アンテナ毎のデータ信号に分離することができ、新たに周波数帯域を増やさずに　C　できる。

	A	B	C
1	空間	信号処理	伝送遅延を多く
2	空間	信号処理	高速伝送
3	空間	グレイ符号化	伝送遅延を多く
4	時分割	信号処理	伝送遅延を多く
5	時分割	グレイ符号化	高速伝送

解答　2

MIMO のように電波伝搬経路を複数多重化するものは、**空間多重伝送**と呼ばれます。複数のアンテナで受信された信号は、高速な**信号処理**によってアンテナ毎の信号に分離することができ、これによって**高速伝送**を実現しています。

Lesson 05　フェージング

学習のポイント　　　　　　　　　　　　重要度 ★★★☆☆

● 電波は、空間を伝搬する間に減衰や干渉、吸収、反射など様々な影響を受けて受信点に届きます。このような現象により電波の強度が変動する現象をフェージングと呼びます。

1　フェージングとは

　ビル街の中を車で移動しながらFMラジオを受信していると、移動に伴って頻繁に雑音が入ったり入らなかったりする現象に遭遇することがあります。また、遠距離の中波や短波放送を受信していると、周期的に信号が強くなったり弱くなったりすることがあります。このように、電波が伝搬途中で様々な影響を受け、受信点で周期的に信号強度が変動する現象をフェージングと呼んでいます。

　フェージングは、周波数が高い（波長が短い）ほど小刻みかつ鋭敏に変動するようになり、携帯電話のように数百MHz〜数GHz帯域の周波数では、何もしていないのに通話が途切れてしまうことさえあります。フェージングはいくつかの種類に分類することができます。

1　干渉性フェージング

　送信点から受信点までの伝搬経路が複数ある場合、それぞれの伝搬経路の距離が異なることによって受信点での位相が異なり、同位相の条件であれば互いに強め合い、逆位相の場合は互いに弱め合うために発生するフェージングです。周波数が高く、そして移動速度が速いほどフェージングによる影響も高速になります。

2　シンチレーションフェージング

　シンチレーションというのは、夜中星空を見上げたときに星の光がまたたいて見えることがある現象のことで、大気の屈折率の微妙な変動によって光が屈折し、それによってゆらゆらと変動して見えるのが原因です。光も電磁波の一種ですから、電波を使った通信でもこれと同じことが起こり、大気の揺らぎによって電波

が散乱することによって受信電界強度が変動するというものです。

3　ダクト形フェージング

　大気は通常、地表に近いほど屈折率が大きく、宇宙空間に向かって徐々に小さくなりますが、地表面で空気が冷やされるなどの自然現象により屈折率の逆転層が発生するとラジオダクトが発生し、予想もしない遠方まで電波が伝搬することがあります。この現象によって電磁波が干渉し、受信点での電界強度が変動するものです。雨天や強風のときより、晴天で風の弱いときに発生しやすくなります。

4　K形フェージング

　大気の屈折率の分布が変動すると、等価地球半径が変動することがあります。このとき、直接波と大地反射波の干渉状態が微妙に変化することで発生するフェージングです。

5　選択性フェージング

　情報を乗せて変調された電波は、ある一定の帯域幅（周波数の幅）を持ちますが、伝搬経路の途中でその帯域幅の一部分に減衰や位相の乱れなどが発生する周波数選択性が存在すると、送信した波形と受信した波形の成分が異なってしまい、復調した信号も当然影響を受けて歪むことになります。この影響によるフェージングを選択性フェージングと呼びます。

➕α　ここも覚えるプラスアルファ

遅延プロファイル
選択性フェージングにおいて、到来する電波の遅延時間を横軸に、受信レベルを縦軸に取ったグラフは、遅延プロファイルと呼ばれます。

SHF 帯のフェージングは、対流圏の気象の影響を強く受けます。

1 □ マイクロ波（SHF）通信の見通し内伝搬におけるフェージングは、<u>対流圏の気象の影響を受けて発生</u>し、フェージングの発生確率は、一般に伝送距離が長くなるほど<u>増加</u>する。

2 □ 等価地球半径（係数）の変動により、直接波と大地反射波との通路差が変動するために生ずるフェージングを、<u>干渉性K形フェージング</u>という。

3 □ ダクト形フェージングは、雨天や強風のときより、晴天で風の弱いときに<u>発生しやすい</u>。

練習問題

問1 フェージング　　　　　　　　　　令和3年6月期　「無線工学　午前」問20

次の記述は、地上系のマイクロ波（SHF）通信の見通し内伝搬におけるフェージングについて述べたものである。□□□ 内に入れるべき字句の正しい組合せを下の番号から選べ。ただし、降雨や降雪による減衰はフェージングに含まないものとする。

(1) フェージングは、□A□ の影響を受けて発生する。

(2) フェージングの発生確率は、一般に伝搬距離が長くなるほど □B□ する。

(3) 等価地球半径（係数）の変動により、直接波と大地反射波との通路差が変動するために生ずるフェージングを、□C□ フェージングという。

	A	B	C
1	対流圏の気象	増加	干渉性K形
2	対流圏の気象	減少	ダクト形

3　電離層の諸現象　　　増加　　　ダクト形

4　電離層の諸現象　　　減少　　　干渉性 K 形

解答　1

マイクロ波帯の電波は、電離層の影響は受けませんが、対流圏の気象、特に気温の逆転層による屈折率の変動の影響を強く受けます。

問2 フェージング　　　　　　　　令和3年6月期 「無線工学　午後」問20

次の記述は、地上系のマイクロ波（SHF）通信の見通し内伝搬におけるフェージングについて述べたものである。□ 内に入れるべき字句の正しい組合せを下の番号から選べ。ただし、降雨や降雪による減衰はフェージングに含まないものとする。

(1) フェージングは、□A□ の影響を受けて発生する。

(2) フェージングの発生確率は、一般に伝搬距離が長くなるほど □B□ する。

(3) ダクト形フェージングは、雨天や強風の時より、晴天で風の弱いときに発生 □C□。

	A	B	C
1	対流圏の気象	増加	しやすい
2	対流圏の気象	減少	しにくい
3	電離層の諸現象	増加	しにくい
4	電離層の諸現象	減少	しやすい

解答　1

短波帯のフェージングは電離層の影響を受けますが、マイクロ波帯では**気象条件**の影響を強く受けます。ラジオダクトは、地表と上空の間に屈折率の逆転層が作られるのが原因ですから、大気が攪乱される強風時などには発生しにくく、晴天で風が弱い日の方が**発生しやすく**なります。

次の記述は、陸上の移動体通信の電波伝搬特性について述べたものである。□□内に入れるべき字句の正しい組合せを下の番号から選べ。

(1) 基地局から送信された電波は、移動局周辺の建物などにより反射、回折され、定在波を生じ、この定在波の中を移動局が移動すると受信波にフェージングが発生する。一般に、周波数が　A　ほど、また移動速度が　B　ほど変動が速いフェージングとなる。

(2) さまざまな方向から反射、回折して移動局に到来する電波の遅延時間に差があるため、広帯域伝送では、一般に帯域内の各周波数の振幅と位相の変動が一様ではなく、伝送路の　C　が劣化し、伝送信号の波形ひずみが生じる。

	A	B	C
1	低い	遅い	周波数特性
2	低い	遅い	整流特性
3	高い	速い	周波数特性
4	高い	速い	整流特性
5	高い	遅い	整流特性

解答　3

出題文 (1) は干渉性フェージング、(2) は選択性フェージングに関する内容です。

ダイバーシティ受信方式や電波伝搬、フェージングに関する出題は、少なくともどれかは毎回必ず出題されています。計算問題ではなく知識問題ですし、電波伝搬の基本的な性質を理解していれば易しい問題ですから、得点源にしてしまいましょう。

Lesson 01　電源装置

学習のポイント　　　　　　　　重要度 ★★★★☆

● 通信システムは、停電や災害時であっても一定時間稼働し続けることが求められます。その際に使用される充電式電池や電源装置に関する出題は比較的頻出項目です。

　通信装置は、当然ですが電源が無ければ動きません。他方、平常時・災害時ともに通信インフラの重要性は極めて大きなものとなっています。そこで、停電時や災害時においても一定時間は装置の稼働が継続できるように、充電池（二次電池ともいう）や場合によっては自家発電装置などを設置し、万が一の場合に備えています。

　一陸特の国家試験においては、山頂などに設置されている中継装置のバックアップ電源として多く用いられている鉛蓄電池に関する出題や、無停電電源装置（UPS）についての出題、近年はリチウムイオン電池の特性に関する出題などが見られます。

1　無停電電源装置（UPS）

　UPS は Uninterruptible Power Supply の略で、無停電電源装置と訳されます。無線装置以外にも、パソコンやサーバーの停電対策として、データセンターはもちろん一般家庭でも使用されています。UPS の基本的な構成例は次の通りです。

1　ラインインタラクティブ方式

　商用電源が供給されている間は、負荷回路には商用電源が接続されるとともに、蓄電池も満充電を保っておく方式です。停電時には、蓄電池の直流電源をインバータで交流に変換して負荷に供給します。

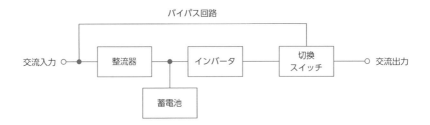

　この方式は回路構成が簡単でコストも安く済みますが、停電時にインバータ給電に切り替わるまでの時間が掛かるという欠点もあります。

2　常時インバータ給電方式

　交流電源からの電力をいったん全て直流に変換し、蓄電池に充電するとともにインバータ回路で交流に変換して負荷に供給するものです。この方式は、装置のコストは高くなりますが、停電時の瞬停が発生しないという大きなメリットがあります。

　ラインインタラクティブと常時インバータのどちらの方式も、通常時、蓄電池は自己放電を補う程度のごく微小な電流で充電され、常に満充電が保たれるようになっています。

2　鉛蓄電池

　充電ができる二次電池として最も古くから利用されているのが鉛蓄電池です。鉛蓄電池は、次のような特徴を持っています。

鉛蓄電池の特徴

- ・正極は二酸化鉛、負極は鉛、電解液は希硫酸を用いる。
- ・充電が進むと希硫酸の比重は大きくなり、放電すると比重は小さくなる。
- ・電圧は約 2V。高電圧が必要な場合は、複数を直列接続して利用する。
- ・過放電に弱い。過放電すると、極板付近に硫酸鉛が析出し、電流を妨げる働きをする。この現象をサルフェーションと呼ぶ。
- ・過充電すると電解液が分解して酸素と水素が発生する。密閉型（シール）鉛蓄電池は、この時発生した酸素と水素を内部で処理する構造になっている。
- ・密閉型鉛蓄電池は倒して使うこともできるが、非密閉型の場合、倒すと電解液である希硫酸が流出してしまうため、正しい位置で使用すること。
- ・長年の使用によって電解液が減少すると性能が落ちてしまうため、定期的に蒸留水を規定位置まで補充する必要がある。
- ・容量は電流×時間で表し、時間率と共に表す。例えば 10 時間率で 20Ah というと、10 時間連続して 2A の電流を流すことができるという意味。これより大電流で放電すると、容量は小さくなってしまう。（例えば、20A を連続して流すと 1 時間以内に容量を使い切ってしまう）

Lesson
01

電源装置

ゴロ合わせで覚えよう！ ▶ 鉛蓄電池

二次会は　生で　きりっと
（二次電池）　（鉛蓄電池）（希硫酸）

二次電池である鉛蓄電池の電解液には、希硫酸が用いられる。

---

3 ▶ ニッケルカドミウム電池・ニッケル水素電池

　ニッケルカドミウム電池やニッケル水素電池は、電圧が 1.2V とやや低めですが、普通の乾電池と同じ形状のものが製造されて乾電池の代替として広く使用されています。特徴は次ページの通りです。

ニッケルカドミウム電池・ニッケル水素電池の特徴

・双方とも電圧が若干低いものの乾電池と互換性があり、手軽に使えるため広く普及している。

・中途半端な容量まで使って満充電すると、その中途半端な容量まで使った時点で急激に電圧が低下してしまうというメモリー効果を持っている。このため、基本的には満充電と完全放電を繰り返す使い方に向いている。

・自己放電が大きく、満充電から数か月〜1年程度放置しておくと容量が大きく減少してしまう傾向がある。

・ニッケルカドミウム電池は、有害なカドミウムを含んでいるため、廃棄などの取り扱いに注意する必要がある。

---

4 リチウムイオン電池

　リチウムイオン電池は携帯電話などのモバイル機器用電源として爆発的に普及しましたが、無線中継基地局等のバックアップ電源としての利用も広がっています。特徴は以下の通りです。

リチウムイオン電池の特徴

・電圧は約3.6Vで、鉛蓄電池などに比べると圧倒的に高い。

・ニッケルカドミウム電池やニッケル水素電池に比べ、小型軽量でエネルギー密度も高い。

・メモリー効果が無いため、減った分だけ継ぎ足し充電することが可能である。

・過充電や過放電は禁物。通常、専用の制御用IC回路と組合せて使用される。

一陸特の国家試験では、従来圧倒的に鉛蓄電池に関する問題が多く出題されてきました。現在でもその傾向は変わりませんが、リチウムイオン電池の利用が急速に広まっているため、今後は要チェックの出題分野です。

1 ☐ UPS は停電時に充電池からの<u>直流</u>電流を<u>交流</u>に変換して供給する装置である。

2 ☐ 鉛蓄電池の電圧は<u>約 2V</u> で、倒しても使える密閉型（シール型）鉛蓄電池が広く利用されている。

練習問題

・・
問1 シール鉛蓄電池　　　　　　　　　　　令和 3 年 2 月期 「無線工学 午後」問 22
・・

次の記述は、無線中継所等において広く使用されているシール鉛蓄電池について述べたものである。このうち正しいものを下の番号から選べ。

   1　電解液は、放電が進むにつれて比重が上昇する。

   2　通常、電解液が外部に流出するので設置には注意が必要である。

   3　定期的な補水（蒸留水）は、必要である。

   4　シール鉛蓄電池を構成する単セルの電圧は、約 24〔V〕である。

   5　正極は二酸化鉛、負極は金属鉛、電解液は希硫酸が用いられる。

解答　5

選択肢 1 は、比重が小さくなります。選択肢 2 について、シール鉛蓄電池は電解液が外部に流出しない構造になっています。選択肢 3 について、シール鉛蓄電池は、通常補水は不要です。選択肢 4 は、約 2V です。

・・
問2 鉛蓄電池　　　　　　　　　　　　　　令和 4 年 2 月期 「無線工学 午後」問 22
・・

次の記述は、鉛蓄電池について述べたものである。　☐　内に入れるべき字句の正しい組合せを下の番号から選べ。

（1）鉛蓄電池は、 A 電池であり、電解液には B が用いられる。

（2）鉛蓄電池の容量が、10時間率で30〔Ah〕のとき、この蓄電池は、3〔A〕の電流を連続して10時間流すことができる。この蓄電池で30〔A〕の電流を連続して流すことができる時間は、1時間 C 。

	A	B	C
1	一次	蒸留水	より長い
2	一次	希硫酸	より短い
3	一次	希硫酸	より長い
4	二次	希硫酸	より短い
5	二次	蒸留水	より長い

解答 4

鉛蓄電池のように、充電して何度も再使用ができる電池は二次電池と呼ばれます。鉛蓄電池の電解液は希硫酸です。大電流で使用するほど容量が小さくなり、計算よりも短い時間で使えなくなってしまいます。

問3 鉛蓄電池　　　　　　　　　令和3年6月期 「無線工学　午後」問22

次の記述は、鉛蓄電池の一般的な取扱いについて述べたものである。このうち誤っているものを下の番号から選べ。

1　電解液は極板が露出しない程度に補充しておくこと。
2　放電した後は、電圧や電解液の比重などを放電前の状態に回復させておくこと。
3　電池の電極の負担を軽くするには、充電の初期に大きな電流が流れ過ぎないようにすること。
4　3〜6か月に1度は、過放電をしておくこと。

解答 4

鉛蓄電池を過放電させると、サルフェーションによって性能が劣化してしまいます。

Lesson 01
電源装置

問4 リチウムイオン蓄電池

令和 3 年 10 月期 「無線工学 午後」問 22

次の記述は、リチウムイオン蓄電池について述べたものである。　　　内に入れるべき字句の正しい組合せを下の番号から選べ。

(1) セル 1 個（単電池）当たりの公称電圧は、1.2〔V〕より　A　。

(2) ニッケルカドミウム蓄電池に比べ、小型軽量で　B　エネルギー密度であるため移動機器用電源として広く用いられている。また、メモリー効果が　C　ので、使用した分だけ補充する継ぎ足し充電が可能である。

	A	B	C
1	低い	低	ある
2	低い	高	ない
3	高い	高	ない
4	高い	低	ある
5	高い	高	ある

解答 3

リチウムイオン蓄電池は、公称電圧が約 3.6V と高く、高エネルギー密度です。メモリー効果が無く、使用した分だけ再充電することができ、利便性も高くなっています。

問5 無停電電源装置

令和 2 年 2 月期 「無線工学 午後」問 22

図は、無停電電源装置の基本的な構成例を示したものである。　　　内に入れるべき字句の正しい組合せを下の番号から選べ。

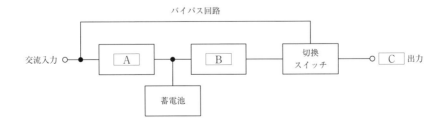

235

	A	B	C
1	発電機	インバータ	直流
2	整流器	インバータ	直流
3	整流器	インバータ	交流
4	インバータ	整流器	交流
5	インバータ	整流器	直流

解答 3

通常時は、交流電源から切換スイッチ経由で直接負荷に交流電力を出力しつつ、整流器で直流に変換した電力で蓄電池を満充電に保ちます。停電時は、蓄電池からの直流電力をインバータで交流電力に変換して負荷に供給します。

問6 浮動充電方式 令和3年6月期 「無線工学 午前」問22

次の記述は、図に示す浮動充電方式について述べたものである。このうち、誤っているものを下の番号から選べ。

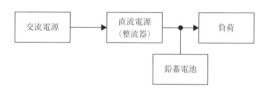

1 通常（非停電時）、負荷への電力の大部分は鉛蓄電池から供給される。
2 停電などの非常時において、鉛蓄電池から負荷に電力を供給するときの瞬断がない。
3 浮動充電は、電圧変動を鉛蓄電池が吸収するため直流出力電圧が安定している。
4 鉛蓄電池には、自己放電量を補う程度の微小電流で充電を行う。

解答 1

浮動充電方式において、通常時の負荷への電力は交流電源から供給されます。鉛蓄電池は、自己放電を補う程度の小電流が常に流入している状態に保たれ、停電時には鉛蓄電池から100%の電力が負荷に供給されます。

問7 無停電電源装置 令和 2 年 2 月期 「無線工学 午前」問 22

次の記述は、一般的な無停電電源装置について述べたものである。◻︎ 内に入れるべき字句の正しい組合せを下の番号から選べ。

(1) 定常時には、商用電源からの交流入力が ◻︎A◻︎ 器で直流に変換され、インバータに直流電力が供給される。インバータはその直流電力を交流電力に変換し負荷に供給する。

(2) 商用電源が停電した場合は、◻︎B◻︎ 電池に蓄えられていた直流電力がインバータにより交流電力に変換され、負荷には連続して交流電力が供給される。

(3) 無停電電源装置の出力として一般的に必要な ◻︎C◻︎ の交流は、インバータの PWM 制御を利用して得ることができる。

	A	B	C
1	変圧	二次	定電圧、定周波数
2	変圧	一次	可変電圧、可変周波数
3	整流	一次	定電圧、定周波数
4	整流	二次	定電圧、定周波数
5	整流	一次	可変電圧、可変周波数

解答 4

無停電電源装置は、一般的な交流電源を使用する機器がそのまま接続できるよう、蓄電池からの直流をインバータで交流に変換して出力しています。

Lesson 01　倍率器と分流器

> **学習のポイント**　　　　　　　　重要度 ★☆☆☆☆
>
> ● 抵抗の直列・並列回路の応用として、たまに倍率器と分流器の計算問題が出題されることがあります。出題頻度は少ないですが、考え方を理解すれば非常に簡単な問題です。

1　電圧計・電流計

　電気回路の電圧や電流を測定するために、電圧計や電流計といった計器が使用されます。これら計器の構造は色々とありますが、代表的なものとして可動コイル形計器が挙げられます。

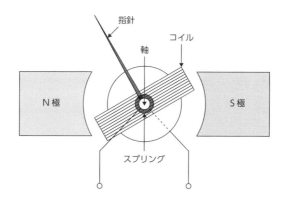

可動コイル形計器模式図

　可動コイル形計器は、コイルに流れる電流と磁石の間の反発力を用いて指針を振らせます。このとき、計器は「ある電圧を掛ければ、ある電流が流れる素子」そのものですから、回路的には抵抗と考えられることが分かります。

　倍率器は、電圧計の最大測定値を拡大するために外付けする抵抗器、分流器は、電流計の最大測定値を拡大するために外付けする抵抗器のことを指します。

2　倍率器の計算

　倍率器は、電圧計と直列に接続して最大電圧値を拡大する抵抗器のことです。内部抵抗値が r の電圧計があったとします。この電圧計と直列に R の抵抗を接続した回路を考えます。

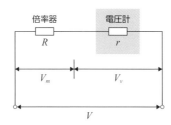

　このとき、倍率器と電圧計を通して流れる電流は同じですから、倍率器 R の両端に発生する電圧は

$$V_m = \frac{R}{r} V_v$$

で求められます。したがって、全体の電圧 V は、

$$V = \left(1 + \frac{R}{r} \right) V_v$$

で求められます。

　ところで、式中の $\dfrac{R}{r}$ は、「外付けの倍率器が、電圧計の内部抵抗の何倍か」という値ですから、倍率器として内部抵抗の N 倍の抵抗を接続すると、全体としては（$1 + N$）倍に測定範囲が拡大されるということになります。

Lesson
01

倍率器と分流器

239

分流器は、電流計と並列に接続して最大電流値を拡大する抵抗器のことです。内部抵抗値が r の電流計があったとします。この電流計と並列に R の抵抗を接続した回路を考えます。

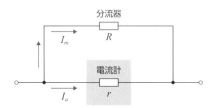

このとき、電流計の両端の電圧は、オームの法則から

$$V = rI_a$$

と求まり、電流計と分流器の両端に掛かっている電圧は同じですから、分流器 R に流れる電流は、

$$I_m = \frac{V}{R} = \frac{rI_a}{R} = \frac{r}{R}I_a$$

と求まります。したがって、回路全体に流れる電流は、

$$I_m + I_a = \left(1 + \frac{r}{R} \right) I_a$$

となります。ここで、「分流器 R の値を、電流計の内部抵抗の N 分の1」にしたとすれば、この式は、

$$I_m + I_a = \left(1 + \frac{r}{R} \right) I_a = \left(1 + \frac{r}{\dfrac{r}{N}} \right) I_a = (1 + N) I_a$$

となります。このことから、分流器として内部抵抗の $1/N$ の抵抗を接続すると、全体としては $(1 + N)$ 倍に測定範囲が拡大されるということになります。

以上、倍率器と分流器について公式のような形で結果が出ましたが、これはオームの法則だけで計算できるものですので、出題された場合は結果の暗記に頼らず、計算で求められるようにしておくのが理想です。

オームの法則をしっかり理解していれば、
解くことができます。

練 習 問 題

問1 **分流器の計算**　　　　令和3年6月期　「無線工学　午前」問23

内部抵抗 r 〔Ω〕の電流計に、$r/8$ 〔Ω〕の値の分流器を接続したときの測定範囲の倍率として、正しいものを下の番号から選べ。

1　12倍
2　9倍
3　8倍
4　7倍
5　4倍

解答　2

r 〔Ω〕と $r/8$ 〔Ω〕を並列にした回路を考えると、電流の比は $1:8$ となり、9

倍と求まります。もし、抵抗値を r などと記号で置いて計算するのが苦手であれば、具体的な値として r を例えば 8〔Ω〕などと置いてしまっても構いません。例えば、$r = 8$〔Ω〕とします。すると、8〔Ω〕と 1〔Ω〕の抵抗が並列に接続されている回路と考えることができます。ここに、例えば 8〔V〕の電圧をかけた場合を考えます。すると、8〔Ω〕の抵抗には 1〔A〕の電流が流れ、1〔Ω〕の抵抗には 8〔A〕の電流が流れます。これらより、合計では 9〔A〕の電流が流れることが分かります。「全体で 9〔A〕の電流が流れているとき、8〔Ω〕の抵抗器、つまり計器には 1〔A〕の電流が流れる」わけですから、測定範囲の倍率は 9 倍であることが求まります。

このように、つじつまが合う具体的な値を自分で設定して計算するというのも一つのテクニックです。

問2 最大指示値　　　　　　　　　　　　　平成 16 年 2 月期　「無線工学　午前」問 23

最大指示値が 10〔mA〕で内部抵抗 35〔Ω〕の電流計に、抵抗値が 7〔Ω〕の分流器を接続したときの最大指示値として、正しいものを下の番号から選べ。

  1　35〔mA〕
  2　40〔mA〕
  3　50〔mA〕
  4　60〔mA〕

解答　4

公式を当てはめてもいいですが、オームの法則を用いてそのまま計算してもすぐに求まります。

内部抵抗 35 Ω の電流計に 10mA を流した場合、両端の電圧は $35 × 0.01 = 0.35$〔V〕です。この 0.35V が 7 Ω の抵抗に掛かったとき、流れる電流は $0.35 ÷ 7 = 0.05$〔A〕$= 50$〔mA〕ですから、電流計内部を流れる電流 10〔mA〕と合わせた合計の、60〔mA〕が正解です。

Lesson 02　ビット誤り率測定

学習のポイント　　　　　　　　　　　重要度　★★★☆☆

● デジタル無線通信システムにおいて、雑音などの影響はビット誤り率として現れます。この値を定量的に評価するためには、ビット誤り率を直接測定する必要があります。出題頻度は一般的です。

1　ビット誤り率測定

　デジタル無線回線の品質は、事前にある程度の机上シミュレーションは行うものの、やはり実際に設備を設置してみて稼働させてみないと分からない点があります。そこで、実際に敷設した無線回線を使って、何ビットの伝送データに対して1ビットの割合でエラー（ビット誤り）が発生するのかを実測する必要があります。

　ビット誤り率を測定するためには、あらかじめ用意したテストパターンを送信し、受信側でどれだけの誤りが発生したかを計測します。送受信点が離れている場合と隣接している場合で測定装置の構成が変わりますから、双方ともに原理と構成を理解しておく必要があります。

1　送受信点が同一もしくは隣接した地点の場合

　送受信点が同一もしくは隣接した地点の場合、ビット誤り率の測定構成は次のようになります。

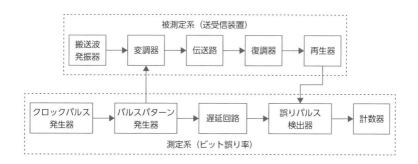

クロックパルス発生器は、送信するテストパターンのタイミングを生成します。これによって生成されたテストパターンは、被測定系の送信側変調器に入力されます。伝送路を通って受信された信号は、復調・再生されてビットパターン列に戻されます。最初に生成したパルスパターンは、被測定系の遅延時間と同等の遅延回路を通ったのち、再生器からの受信ビットパターンと照合され、誤りパルスが検出されればそれを計数器でカウントします。これにより、被測定系において信号が変化しエラーとなる割合を直接数値で求めることができるものです。

2　送受信点が離れた場所にある場合

　送受信点が離れている場合、測定系で最初に生成したテストパターンと受信信号を直接比較することができませんから、送信時に用いたものと同一のパルスパターンを発生する装置をもう一台用意し、受信された信号から生成したクロックを基にして生成したパルスパターンと、再生器から得られたパルスパターンを照合することで誤りパルスを検出します。

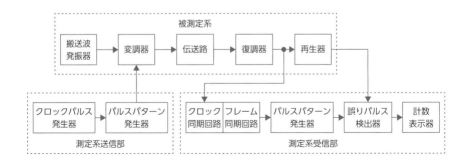

　このようにして、被測定系である伝送系のエラー割合を具体的な数値で求め、その良否を判断することになります。

ポイントは、何を求めるために何を生成し、そして何と何を比較するか、という基本的な原理を理解しておくことです。

練習問題

問1 ビット誤り率測定　　　　　　令和 2 年 10 月期 「無線工学 午前」問 24

図は、被測定系の送受信装置が同一場所にある場合のデジタル無線回線のビット
誤り率測定のための構成例である。□□□ 内に入れるべき字句の正しい組合せを
下の番号から選べ。

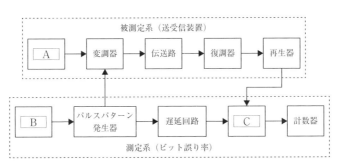

	A	B	C
1	搬送波発振器	クロックパルス発生器	誤りパルス検出器
2	搬送波発振器	マイクロ波信号発生器	パルス整形回路
3	クロックパルス発生器	マイクロ波信号発生器	パルス整形回路
4	クロックパルス発生器	マイクロ波信号発生器	誤りパルス検出器
5	掃引発振器	クロックパルス発生器	パルス整形回路

解答 1

パルスパターンを生成するためには正確なタイミング信号が必要ですから、B は
クロックパルス発生器です。パルスパターンを電波に乗せるために変調する際、
電波の基になるのは搬送波ですから、A は**搬送波発振器**です。C はパルスパター
ン同士を比較して誤りパルスを検出する回路です。

Lesson 03 各種測定器

> **学習のポイント**　　　　　　　　　　　重要度　★★★★☆
>
> ● 電流や電力、周波数分布などは、専用の測定器を用いないと可視化することができません。これら測定器類に関する知識や取扱い方法の基本は重要出題項目です。

　電気や電波は目で見ることができません。そこで、電圧計や電流計など様々な測定機器を用いていろいろな値を可視化しています。測定器に関する問題は頻出ですから、各々の測定器の基本的な構造や測定原理などは理解しておく必要があります。

1　デジタルマルチメータ

　電圧・電流・抵抗値などは、従来は針式のアナログテスタで測定していましたが、近年は高性能なデジタルマルチメータに取って代わられています。動作原理は次の通りです。

デジタルマルチメータ（写真提供：三和電気計器株式会社）

デジタルマルチメータの動作原理

- ・A/D 変換回路、増幅回路、クロック信号発生回路、計測回路、信号処理 IC など から成り、被測定値をデジタル数値で直読できる。
- ・電圧測定時、マルチメータの入力インピーダンスが非常に高いため、被測定回路 にほとんど影響を与えずにほぼ真値を知ることができる。
- ・交流電圧、交流電流、交流電力などを測定できるものもある。この場合、被測定 値は二重積分回路などを利用して直流電圧に換算し、デジタル直読表示している。
- ・アナログテスタと異なり、内蔵の電池が消耗すると全ての機能が動作しない。

2 周波数カウンタ

　高周波信号の周波数を知ることは容易ではありませんが、現在はデジタル式で 周波数が直読できる周波数カウンタが広く利用されています。周波数カウンタの 原理は次の通りです。

周波数カウンタ （写真提供：岩崎通信機株式会社）

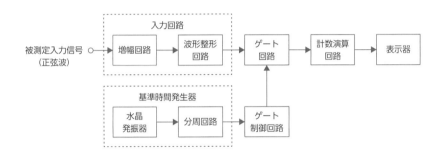

周波数カウンタの原理

- ・被測定信号は、増幅・波形整形を経て、**信号周波数に比例した数のパルス信号**となる。
- ・水晶発振器は極めて**正確な周波数**を発振し、分周回路で正確なタイミング信号を生成する。
- ・ゲート制御回路は、正確なタイミング信号に合わせてゲート回路を駆動し、ある**一定時間だけパルス信号を通過させる**役割を持つ。
- ・計数演算回路は、ゲート回路を通過してきたパルスの数を数えて表示器に送り、数値として表す。

3 オシロスコープ

　横軸に時間、縦軸に入力信号を取って画面上に点を描画し、入力信号の時間的変化を可視化する装置です。通常、横軸にはのこぎり波が与えられますが、横軸・縦軸共に交流波形を入力すると、画面上でリサジュー図形と呼ばれる図を描かせることができ、これによって縦軸と横軸に入力した波形同士の周波数や位相の関係などを可視化することができます。

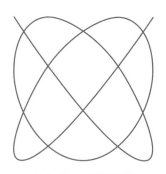

リサジュー図形の例

4 スペクトルアナライザ

横軸に周波数、縦軸にその周波数成分の大きさを表示する装置で、ある一定の

周波数帯域幅にどのような成分の信号が含まれているのかを可視化することができる装置です。掃引同調形スペクトルアナライザ（＝スペクトラムアナライザ）の原理構成は次の通りです。

スペクトラムアナライザ（写真提供：アンリツ株式会社）

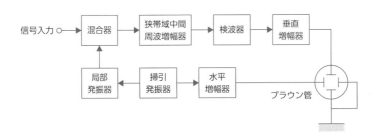

掃引発振器は、時間とともに直線的に電圧が上昇していくのこぎり波を生成します。

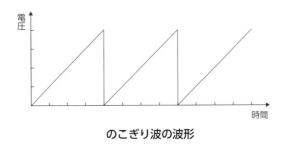

のこぎり波の波形

局部発振器は、のこぎり波に従い、直線的・連続的に周波数が上昇していく信号を発生します。混合器は、スーパヘテロダイン方式と同じように、信号を混合し、中間周波数に変換します。中間周波に変換された信号は、狭帯域のフィルタ

を通った後増幅・検波され、画面の垂直方向の成分としてブラウン管に与えられます。このようにして、横軸に周波数、縦軸にその周波数に対応する成分を描くことができます。

　近年は、このような複雑な構成ではなく、デジタル信号処理によって入力信号をFFT演算し、液晶画面に周波数成分を描き出すタイプの装置が広く利用されています。

5 ▶ 基準信号発生器

　各種回路の調整などのために必要な基準信号を発生させる装置です。出力周波数は安定度が求められるとともに、出力振幅も設定することができるようになっているものが一般的です。AMやFMなどの変調を掛けた信号が得られるようになっているものもあります。

6 ▶ カロリーメータ形電力計

　高周波電力、なかでもマイクロ波の電力を測定することは容易ではありません。通常の測定器で電圧や電流を測定しようとしても、周波数が高すぎると正確な値を求められなくなります。そこで、高周波電力を負荷に消費させ、そこで発生した熱量から電力を逆算する方式の電力計が生まれました。

　カロリーメータ形電力計は、下図のような構成となっています。

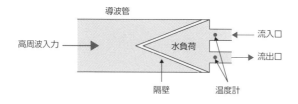

導波管

高周波入力　　水負荷　　流入口　　流出口

隔壁　　温度計

　導波管を伝搬してきたマイクロ波は水を満たした負荷に吸収され、失ったエネルギーは水の温度上昇に使われることになります。このとき、水の流量と比熱、温度上昇の値からマイクロ波の電力を求めるものです。水の比熱は大変大きいた

め、主として数 W 以上の**大電力測定用**として用いられます。

Lesson
03

7　ボロメータ電力計

　ボロメータ電力計は、マイクロ波を**サーミスタ**に消費させて熱に変え、その熱量によって変化した抵抗値を基にしてマイクロ波の電力を間接的に測定するものです。回路構成は次の通りです。

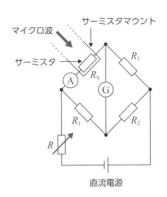

　$R_1 \sim R_S$ は直流ブリッジを構成し、ブリッジが平衡した状態、つまり $R_1 \times R_3$ = $R_2 \times R_S$ となるように**可変抵抗** R を調整します。サーミスタに高周波電力を加えると、その発熱作用でブリッジの平衡が崩れますから、再度 R を調整してブリッジの平衡を取り、その差異から電力を求めます。

8　アイパターン

　デジタル無線通信の品質を**定性的に可視化**するために考案されたもので、横軸にデジタル信号のタイミング信号、縦軸に**識別器に入力される直前のアナログ復調信号を重ねて描いた**ものです。

　雑音が小さく**良好な受信状態**のときは中心部分の開き（目に例えてアイパターンと呼びます）が大きくなり、雑音や位相のずれ（ジッタ）が大きい場合はアイの開きが小さくなることで定性的な信号品質を知ることができます。

各種測定器

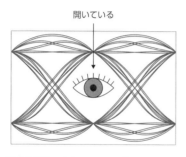

開いている

信号品質の良好なアイパターンの例

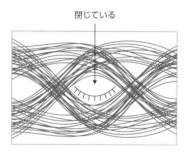

閉じている

信号品質の悪いアイパターンの例

頻出項目をチェック！

1 □ オシロスコープは、横軸に時間、縦軸に入力電圧を表示する装置。横軸と縦軸を両方とも入力電圧にすることもでき、その場合描かれる図はリサジュー図形という。

2 □ スペクトルアナライザは、横軸に周波数、縦軸に周波数成分を表示する装置である。

3 □ デジタルマルチメータは入力抵抗が非常に高く、測定値が直読でき便利である。

練習問題

問1 ボロメータ形電力計　　　　令和4年6月期 「無線工学 午後」問24

次の記述は、図に示すボロメータ形電力計を用いたマイクロ波電力の測定方法の原理について述べたものである。□□□ 内に入れるべき字句の正しい組合せを下の番号から選べ。

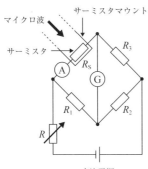

R_S：サーミスタ抵抗〔Ω〕
G：検流計
R_1, R_2, R_3：抵抗〔Ω〕
R：可変抵抗〔Ω〕

(1) 直流ブリッジ回路の一辺を構成しているサーミスタ抵抗 R_S の値は、サーミスタに加わったマイクロ波電力及びブリッジの直流電流に応じて変化する。

(2) マイクロ波入力のない状態において、可変抵抗 R を加減してブリッジの平衡をとり、サーミスタに流れる電流 I_1〔A〕を電流計 A で読み取る。このときのサーミスタで消費される電力は　A　〔W〕で表される。

(3) 次に、サーミスタにマイクロ波電力を加えると、サーミスタの発熱により R_S が変化し、ブリッジの平衡が崩れるので、再び R を調整してブリッジの平衡をとる。このときのサーミスタに流れる電流 I_2〔A〕を電流計 A で読み取れば、サーミスタに吸収されたマイクロ波電力は　B　〔W〕で求められる。

	A	B
1	$I_1^2 R_2 R_3 / R_1$	$(I_1 + I_2) R_2 R_3 / R_1$
2	$I_1^2 R_1 R_2 / R_3$	$(I_1^2 + I_2^2) R_1 R_2 / R_3$
3	$I_1^2 R_1 R_2 / R_3$	$(I_1^2 - I_2^2) R_1 R_2 / R_3$
4	$I_1^2 R_1 R_3 / R_2$	$(I_1 - I_2) R_1 R_3 / R_2$
5	$I_1^2 R_1 R_3 / R_2$	$(I_1^2 - I_2^2) R_1 R_3 / R_2$

解答　5

ブリッジ回路が平衡しているとき、$R_1 × R_3 = R_2 × R_S$ の条件が成立しています。したがって、このときの R_S の値は、$R_S =（R_1 × R_3）/ R_2$ で求まります。

電力 $P = I^2R$ の関係より、このときサーミスタで消費されている電力は、$I_1^2 \cdot (R_1 \times R_3) / R_2$ と求まります。

この状態でサーミスタに高周波電力を加えると、発熱によって抵抗値が変化し平衡が崩れます。調整を取り直した後、直流電流によってサーミスタが発熱している成分は、$I_2^2 \cdot (R_1 \times R_3) / R_2$ ですから、差し引き高周波電力によって発熱している成分は、

$$I_1^2 \frac{R_1 \times R_3}{R_2} - I_2^2 \frac{R_1 \times R_3}{R_2} = (I_1^2 - I_2^2) \frac{R_1 \times R_3}{R_2}$$

と求まります。

問2 オシロスコープ等　　　　　　　　令和3年6月期 「無線工学 午前」問24

次の記述は、アナログ方式のオシロスコープ及びスペクトルアナライザの一般的な特徴等について述べたものである。このうち誤っているものを下の番号から選べ。

1　オシロスコープは、本体の入力インピーダンスが1〔MΩ〕と50〔Ω〕の2種類を備えるものがある。

2　オシロスコープは、リサジュー図形を描かせて周波数の比較や位相差の観測を行うことができる。

3　オシロスコープの水平軸は振幅を、また、垂直軸は時間を表している。

4　スペクトルアナライザは、スペクトルの分析やスプリアスの測定などに用いられる。

5　スペクトルアナライザの水平軸は周波数を、また、垂直軸は振幅を表している。

解答　3

オシロスコープの水平軸は時間、垂直軸が入力電圧の振幅を表していますから、記述が逆です。なお、入力インピーダンスとして、一般測定用の1〔MΩ〕と、高周波用の50〔Ω〕の2種類を備えている機種が一般的です。

問3 周波数カウンタ　令和4年2月期 「無線工学 午後」問24

次の記述は、図に示す周波数カウンタ（計数形周波数計）の動作原理について述べたものである。このうち誤っているものを下の番号から選べ。

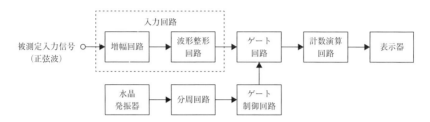

1　T秒間にゲート回路を通過するパルス数 N を、計数演算回路で計数演算すれば、周波数 F は、$F = N/T$〔Hz〕として測定できる。

2　水晶発振器と分周回路で、擬似的にランダムな信号を作り、ゲート制御回路の制御信号として用いる。

3　被測定入力信号の周波数が高い場合は、波形整形回路とゲート回路の間に分周回路が用いられることもある。

4　被測定入力信号は入力回路でパルスに変換され、被測定入力信号と同じ周期を持つパルス列が、ゲート回路に加えられる。

解答　2

水晶発振器と分周回路で、極めて正確なタイミング信号を作ってゲート回路を制御します。これによって、正確な周波数を求めることができます。

問4 ボロメータ　令和3年2月期 「無線工学 午前」問23

次の記述は、マイクロ波等の高周波電力の測定器に用いられるボロメータについて述べたものである。　　　内に入れるべき字句の正しい組合せを下の番号から選べ。

ボロメータは、半導体又は金属が電波を　A　すると温度が上昇し、　B　の値が変化することを利用した素子で、高周波電力の測定に用いられる。ボロメータとしては、　C　やバレッタが使用される。

Lesson 03

各種測定器

	A	B	C
1	吸収	抵抗	サイリスタ
2	吸収	抵抗	サーミスタ
3	吸収	静電容量	サイリスタ
4	反射	抵抗	サーミスタ
5	反射	静電容量	サイリスタ

解答 2

電力は熱エネルギーとして物体の加熱ができますから、温度によって**抵抗値**が変化する**サーミスタ**などの素子を利用して電力を測定することができます。

問5 オシロスコープ　　　　　　　　　令和3年6月期 「無線工学 午後」問24

次の記述は、アナログ方式のオシロスコープの一般的な機能について述べたものである。□□内に入れるべき字句の正しい組合せを下の番号から選べ。なお、同じ記号の□□内には、同じ字句が入るものとする。

垂直軸入力及び水平軸入力に正弦波電圧を加えたとき、それぞれの正弦波電圧の□A□が整数比になると、画面に各種の静止図形が現れる。この図形を□B□といい、交流電圧の□A□の比較や□C□の観測を行うことができる。

	A	B	C
1	振幅	信号空間ダイアグラム	ひずみ率
2	振幅	信号空間ダイアグラム	位相差
3	振幅	リサジュー図形	ひずみ率
4	周波数	信号空間ダイアグラム	ひずみ率
5	周波数	リサジュー図形	位相差

解答 5

リサジュー図形により、2つの信号の周波数や位相差を観測することができます。

いちばんわかりやすい！

第一級陸上特殊無線技士　合格テキスト

第2章
法規

- **1** 電波法の概要
- **2** 無線局の免許等
- **3** 無線設備
- **4** 無線従事者
- **5** 運用・監督

Lesson 01 電波法の目的等

学習のポイント　　　　　　　　　　重要度 ★★★★★

● 一陸特の法規科目の試験では、電波法とその関連法令等から、規定に適合するものを選択する問題や、字句の穴埋め問題が出題されています。

　電波法は、電波法令の中の法律にあたります。一陸特の試験では、電波法からの出題が最も多いですが、電波法施行令、電波法施行規則、無線局免許手続規則、無線従事者規則、無線局運用規則などからも多く出題されています。まずは、電波法令の概要を理解していきましょう。

1 電波法令の構成

　電波法令は、法律、政令、省令で構成されています。

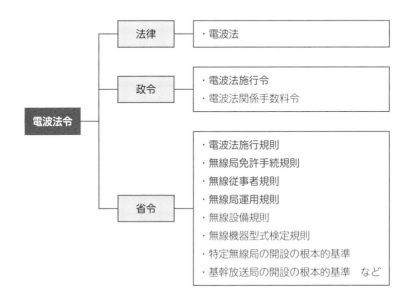

法律とは国会が制定するルールで、政令は内閣が制定するルール、省令は各省庁が制定するルールです。電波法の省令の場合は総務大臣により制定されます。

Lesson 01

電波法の目的等

2 ▶ 電波法の構成

電波法は、下記のような内容で構成されています。

電波法の構成

第 1 章	総則（第 1 条〜第 3 条）
第 2 章	無線局の免許等（第 4 条〜第 27 条の 39）
第 3 章	無線設備（第 28 条〜第 38 条の 2）
第 3 章の 2	特定無線設備の技術基準適合証明等（第 38 条の 2 の 2 〜第 38 条の 48）
第 4 章	無線従事者（第 39 条〜第 51 条）
第 5 章	運用（第 52 条〜第 70 条の 9）
第 6 章	監督（第 71 条〜第 82 条）
第 7 章	審査請求及び訴訟（第 83 条〜第 99 条）
第 7 章の 2	電波監理審議会（第 99 条の 2 〜第 99 条の 15）
第 8 章	雑則（第 100 条〜第 104 条の 5）
第 9 章	罰則（第 105 条〜第 116 条）

一陸特の試験では、特に、1 章の総則、2 章の無線局の免許等、3 章の無線設備、4 章の無線従事者、5 章の運用、6 章の監督の内容が良く出題されています。

3 ▶ 電波法の目的

　電波は限りある資源ですので、電波利用の秩序を守る約束事をつくる必要があります。その約束事が電波法令であり、電波法がその幹となっています。

電波法第1条（目的）

> この法律は、電波の公平且（か）つ能率的な利用を確保することによって、公共の福祉を増進することを目的とする。

第1条は基本中の基本です。一陸特の試験では第1条（目的）と第2条（定義）の内容を組み合わせた問題が良く出題されます。

練習問題

....

問1 目的及び定義　　　　　　　　　令和4年6月期「法規 午前」問1

....

次の記述は、電波法の目的及び電波法に規定する用語の定義を述べたものである。電波法（第1条及び第2条）の規定に照らし、 ☐ 内に入れるべき最も適切な字句の組合せを下の1から4までのうちから一つ選べ。

① 電波法は、電波の ☐A☐ な利用を確保することによって、公共の福祉を増進することを目的とする。

② 「無線設備」とは、無線電信、無線電話その他電波を送り、又は受けるための ☐B☐ をいう。

③ 「無線局」とは、無線設備及び ☐C☐ の総体をいう。ただし、受信のみを目的とするものを含まない。

	A	B	C
1	公平かつ能率的	電気的設備	無線設備の操作を行う者
2	公平かつ能率的	通信設備	無線設備の操作の監督を行う者
3	有効かつ適正	電気的設備	無線設備の操作の監督を行う者
4	有効かつ適正	通信設備	無線設備の操作を行う者

解答　1

無線設備は、電気的設備です。（➡ p.261 参照）

Lesson 02 電波法に定める定義

学習のポイント　　　　　　　重要度 ★★★★★

● 法律の条文の冒頭では、その条文で使われる用語が定義されています。国家試験においても頻出の内容ですから、しっかり押さえておく必要があります。

---

1 ▶ 電波法に定める用語の定義

電波法第 2 条では、次のような定義が定められています。

電波法第 2 条（定義）

> この法律及びこの法律に基づく命令の規定の解釈に関しては、次の定義に従うものとする。
>
> 一　「電波」とは、300 万 MHz 以下の周波数の電磁波をいう。
> 二　「無線電信」とは、電波を利用して、符号を送り、又は受けるための通信設備をいう。
> 三　「無線電話」とは、電波を利用して、音声その他の音響を送り、又は受けるための通信設備をいう。
> 四　「無線設備」とは、無線電信、無線電話その他電波を送り、又は受けるための電気的設備をいう。
> 五　「無線局」とは、無線設備及び無線設備の操作を行う者の総体をいう。但し、受信のみを目的とするものを含まない。
> 六　「無線従事者」とは、無線設備の操作又はその監督を行う者であって、総務大臣の免許を受けたものをいう。

無線設備は、通信設備ではなく、電気的設備です。無線電信や無線電話と混同しないようにしましょう。

2 電波法施行規則に定める定義

電波法施行規則第 2 条では、多くの用語について定義が定められています。

電波法施行規則第 2 条（定義等）より一部抜粋

十六	「単向通信方式」とは、単一の通信の相手方に対し、送信のみを行なう通信方式をいう。
十七	「単信方式」とは、相対する方向で送信が交互に行なわれる通信方式をいう。
十八	「複信方式」とは、相対する方向で送信が同時に行なわれる通信方式をいう。
十九	「半複信方式」とは、通信路の一端においては単信方式であり、他の一端においては複信方式である通信方式をいう。
二十	「同報通信方式」とは、特定の 2 以上の受信設備に対し、同時に同一内容の通報の送信のみを行なう通信方式をいう。
三十二	「レーダー」とは、決定しようとする位置から反射され、又は再発射される無線信号と基準信号との比較を基礎とする無線測位の設備をいう。
四十四	「無給電中継装置」とは、送信機、受信機その他の電源を必要とする機器を使用しないで電波の伝搬方向を変える中継装置をいう。
四十五	「無人方式の無線設備」とは、自動的に動作する無線設備であって、通常の状態においては技術操作を直接必要としないものをいう。
五十六	「割当周波数」とは、無線局に割り当てられた周波数帯の中央の周波数をいう。

五十七　「特性周波数」とは、与えられた発射において容易に識別し、かつ、測定することのできる周波数をいう。

五十八　「基準周波数」とは、割当周波数に対して、固定し、かつ、特定した位置にある周波数をいう。この場合において、この周波数の割当周波数に対する偏位は、特性周波数が発射によって占有する周波数帯の中央の周波数に対してもつ偏位と同一の絶対値及び同一の符号をもつものとする。

五十九　「周波数の許容偏差」とは、発射によって占有する周波数帯の中央の周波数の割当周波数からの許容することができる最大の偏差又は発射の特性周波数の基準周波数からの許容することができる最大の偏差をいい、百万分率又はヘルツで表わす。

六十一　「占有周波数帯幅」とは、その上限の周波数をこえて輻射され、及びその下限の周波数未満において輻射される平均電力がそれぞれ与えられた発射によって輻射される全平均電力の 0.5 パーセントに等しい上限及び下限の周波数帯幅をいう。

六十三　「スプリアス発射」とは、必要周波数帯外における 1 又は 2 以上の周波数の電波の発射であって、そのレベルを情報の伝送に影響を与えないで低減することができるものをいい、高調波発射、低調波発射、寄生発射及び相互変調積を含み、帯域外発射を含まないものとする。

六十三
の二　「帯域外発射」とは、必要周波数帯に近接する周波数の電波の発射で情報の伝送のための変調の過程において生ずるものをいう。

六十三
の三　「不要発射」とは、スプリアス発射及び帯域外発射をいう。

六十三
の四　「スプリアス領域」とは、帯域外領域の外側のスプリアス発射が支配的な周波数帯をいう。

六十三
の五　「帯域外領域」とは、必要周波数帯の外側の帯域外発射が支配的な周波数帯をいう。

六十四　「混信」とは、他の無線局の正常な業務の運行を妨害する電波の発射、輻射又は誘導をいう。

六十八　「空中線電力」とは、尖頭電力、平均電力、搬送波電力又は規格電力をいう。

六十九　「尖頭電力」とは、通常の動作状態において、変調包絡線の最高尖頭における無線周波数1サイクルの間に送信機から空中線系の給電線に供給される平均の電力をいう。

七十　　「平均電力」とは、通常の動作中の送信機から空中線系の給電線に供給される電力であって、変調において用いられる最低周波数の周期に比較してじゅうぶん長い時間（通常、平均の電力が最大である約10分の1秒間）にわたって平均されたものをいう。

七十一　「搬送波電力」とは、変調のない状態における無線周波数1サイクルの間に送信機から空中線系の給電線に供給される平均の電力をいう。ただし、この定義は、パルス変調の発射には適用しない。

七十二　「規格電力」とは、終段真空管の使用状態における出力規格の値をいう。

七十四　「空中線の利得」とは、与えられた空中線の入力部に供給される電力に対する、与えられた方向において、同一の距離で同一の電界を生ずるために、基準空中線の入力部で必要とする電力の比をいう。この場合において、別段の定めがないときは、空中線の利得を表わす数値は、主輻射の方向における利得を示す。

七十五　「空中線の絶対利得」とは、基準空中線が空間に隔離された等方性空中線であるときの与えられた方向における空中線の利得をいう。

七十六　「空中線の相対利得」とは、基準空中線が空間に隔離され、かつ、その垂直二等分面が与えられた方向を含む半波無損失ダイポールであるときの与えられた方向における空中線の利得をいう。

七十八　「実効輻射電力」とは、空中線に供給される電力に、与えられた方向における空中線の相対利得を乗じたものをいう。

七十八 の二	「等価等方輻射電力」とは、空中線に供給される電力に、与えられた方向における空中線の絶対利得を乗じたものをいう。	

七十九　「水平面の主輻射の角度の幅」とは、その方向における輻射電力と最大輻射の方向における輻射電力との差が最大 3dB であるすべての方向を含む全角度をいい、度でこれを示す。

八十二 の二　「文字信号」とは、文字、図形又は信号を二値のディジタル情報に変換して得られる電気的変化であって、文字、図形又は信号を伝送するためのものをいう。

八十三　「音声信号」とは、音声その他の音響に従って生ずる直接的の電気的変化であって、音声その他の音響を伝送するためのものをいう。

八十九　「感度抑圧効果」とは、希望波信号を受信しているときにおいて、妨害波のために受信機の感度が抑圧される現象をいう。

九十　「受信機の相互変調」とは、希望波信号を受信しているときにおいて、2以上の強力な妨害波が到来し、それが、受信機の非直線性により、受信機内部に希望波信号周波数又は受信機の中間周波数と等しい周波数を発生させ、希望波信号の受信を妨害する現象をいう。

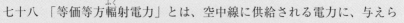

✔ 頻出項目をチェック！

1 ☐ 無線設備とは、無線電信、無線電話その他電波を送り、又は受けるための電気的設備をいう。

2 ☐ 無線局とは、無線設備及び無線設備の操作を行う者の総体をいう。但し、受信のみを目的とするものを含まない。

3 ☐ 無線従事者とは、無線設備の操作又はその監督を行う者であって、総務大臣の免許を受けたものをいう。

こんな選択肢は誤り！

電波法は、電波の<del>有効かつ適正</del>な利用を確保することによって、公共の福祉を増進することを目的としている。
有効かつ適正な利用ではなく、<u>公平かつ能率的</u>な利用である。

実効輻射電力とは、空中線に供給される電力に、与えられた方向における空中線の<del>絶対利得</del>を乗じたものをいう。
絶対利得ではなく、<u>相対利得</u>を乗じたものである。

練習問題

問1 定義 　　　　　　　　　　　　　　令和3年10月期 「法規 午前」問2

電波法に規定する用語の定義を述べた次の記述のうち、電波法（第2条）の規定に照らし、この規定に定めるところに適合しないものはどれか。下の1から4までのうちから一つ選べ。

1 「電波」とは、300万メガヘルツ以下の周波数の電磁波をいう。
2 「無線設備」とは、無線電信、無線電話その他電波を送り、又は受けるための電気的設備をいう。
3 「無線従事者」とは、無線設備の操作又はその監督を行う者であって、総務大臣の免許を受けたものをいう。
4 「無線局」とは、無線設備及び無線設備の操作の監督を行う者の総体をいう。ただし、受信のみを目的とするものを含まない。

解答 4

危うく見逃しそうですが、「無線設備及び無線設備の操作を行う者の総体」と定義されています。（➡ p.261参照）

問2 定義　　　　　　　　　　　　令和 3 年 10 月期　「法規　午前」問 3

次の記述は、「混信」の定義を述べたものである。電波法施行規則（第 2 条）の規定に照らし、□□□内に入れるべき最も適切な字句の組合せを下の 1 から 4 までのうちから一つ選べ。

「混信」とは、他の無線局の正常な業務の運行を　A　する電波の発射、輻射又は　B　をいう。

　　　A　　　　　B
1　妨害　　　　誘導
2　制限　　　　反射
3　妨害　　　　反射
4　制限　　　　誘導

解答　1

（➡ p.264 参照）

問3 定義　　　　　　　　　　　　令和 4 年 6 月期　「法規　午後」問 5

次の記述は、「スプリアス発射」及び「帯域外発射」の定義を述べたものである。電波法施行規則（第 2 条）の規定に照らし、□□□内に入れるべき最も適切な字句の組合せを下の 1 から 4 までのうちから一つ選べ。なお、同じ記号の□□□内には、同じ字句が入るものとする。

① 「スプリアス発射」とは、　A　外における 1 又は 2 以上の周波数の電波の発射であって、そのレベルを情報の伝送に影響を与えないで　B　することができるものをいい、　C　を含み、帯域外発射を含まないものとする。

② 「帯域外発射」とは、　A　に近接する周波数の電波の発射で情報の伝送のための変調の過程において生ずるものをいう。

	A	B	C
1	必要周波数帯	低減	高調波発射、低調波発射、寄生発射及び相互変調積
2	送信周波数帯	低減	高調波発射及び低調波発射
3	送信周波数帯	除去	高調波発射、低調波発射、寄生発射及び相互変調積
4	必要周波数帯	除去	高調波発射及び低調波発射

解答 1

(➡ p.263 参照)

問 4 定義 令和 3 年 10 月期 「法規 午後」問 3

「無給電中継装置」の定義を述べた次の記述のうち、電波法施行規則（第 2 条）の規定に照らし、この規定に定めるところに適合するものはどれか。下の 1 から 4 までのうちから一つ選べ。

1 電源として太陽電池を使用して自動的に中継する装置をいう。
2 受信装置のみによって電波の伝搬方向を変える中継装置をいう。
3 自動的に動作する無線設備であって、通常の状態においては技術操作を直接必要としないものをいう。
4 送信機、受信機その他の電源を必要とする機器を使用しないで電波の伝搬方向を変える中継装置をいう。

解答 4

(➡ p.262 参照)

問 5 定義 令和 3 年 2 月期 「法規 午後」問 3

通信方式の定義を述べた次の記述のうち、電波法施行規則（第 2 条）の規定に照らし、この規定に定めるところに適合しないものはどれか。下の 1 から 4 までのうちから一つ選べ。

1　「同報通信方式」とは、特定の 2 以上の受信設備に対し、同時に同一
　　内容の通報の送信のみを行う通信方式をいう。
2　「半複信方式」とは、通信路の一端においては単信方式であり、他の
　　一端においては複信方式である通信方式をいう。
3　「複信方式」とは、相対する方向で送信が同時に行われる通信方式を
　　いう。
4　「単信方式」とは、単一の通信の相手方に対し、送信のみを行う通信
　　方式をいう。

解答　4

単信方式は、相対する方向で送信が**交互**に行われる通信方式です。設問の、「単
一の通信の相手方に対し、送信のみを行う通信方式」とは、**単向通信方式**のこと
です。

（➡ p.262 参照）

問6　定義　　　　　　　　　　　　　　令和 4 年 2 月期　「法規　午後」問 3

「実効輻射電力」の定義を述べた次の記述のうち、電波法施行規則（第 2 条）の
規定に照らし、この規定に定めるところに適合するものはどれか。下の 1 から 4
までのうちから一つ選べ。

1　「実効輻射電力」とは、空中線系の給電線に供給される電力に、与え
　　られた方向における空中線の絶対利得を乗じたものをいう。
2　「実効輻射電力」とは、空中線系の給電線に供給される電力に、与え
　　られた方向における空中線の相対利得を乗じたものをいう。
3　「実効輻射電力」とは、空中線に供給される電力に、与えられた方向
　　における空中線の絶対利得を乗じたものをいう。
4　「実効輻射電力」とは、空中線に供給される電力に、与えられた方向
　　における空中線の相対利得を乗じたものをいう。

解答　4

（➡ p.264 参照）

Lesson 01　無線局免許の申請と予備免許

学習のポイント　　　　　　　　　重要度　★★★★★

● 無線の免許は、従事者に与えられる無線従事者免許と、局に対して与えられる無線局免許の 2 種類があります。

1　無線局免許の申請

　無線局を開設する場合、原則として無線局免許を取得する必要があります。無線局の免許取得等については、以下の条文に定められています。

電波法第 4 条（無線局の開設）より一部抜粋

> 無線局を開設しようとする者は、総務大臣の免許を受けなければならない。

電波法第 5 条（欠格事由）第 1 項より一部抜粋

> 次の各号のいずれかに該当する者には、無線局の免許を与えない。
> 　一　日本の国籍を有しない人
> 　二　外国政府又はその代表者
> 　三　外国の法人又は団体

電波法第 5 条（欠格事由）第 3 項より一部抜粋

> 次の各号のいずれかに該当する者には、無線局の免許を与えないことができる。
> 　一　この法律又は放送法（昭和 25 年法律第 132 号）に規定する罪を犯し罰金以上の刑に処せられ、その執行を終わり、又はその執行を受けることがなくなった日から 2 年を経過しない者

二　第 75 条第 1 項又は第 76 条第 4 項（第 4 号を除く。）若しくは第 5 項
　　（第 5 号を除く。）の規定により無線局の免許の取消しを受け、その取
　　消しの日から 2 年を経過しない者

電波法第 6 条（免許の申請） より一部抜粋、概略

無線局の免許を受けようとする者は、申請書に、次に掲げる事項を記載した
書類を添えて、総務大臣に提出しなければならない。
　一　目的
　二　開設を必要とする理由
　三　通信の相手方及び通信事項
　四　無線設備の設置場所
　　　イ　人工衛星の無線局　その人工衛星の軌道又は位置
　　　ロ　人工衛星局、船舶の無線局、船舶地球局、航空機の無線局及び航
　　　　　空機地球局以外の無線局　移動範囲
　五　電波の型式並びに希望する周波数の範囲及び空中線電力
　六　希望する運用許容時間
　七　無線設備の工事設計及び工事落成の予定期日
　八　運用開始の予定期日

電波法第 7 条（申請の審査） より一部抜粋

総務大臣は、前条第 1 項の申請書を受理したときは、遅滞なくその申請が次
の各号のいずれにも適合しているかどうかを審査しなければならない。
　一　工事設計が第 3 章に定める技術基準に適合すること。
　二　周波数の割当てが可能であること。
　三　主たる目的及び従たる目的を有する無線局にあっては、その従たる目
　　　的の遂行がその主たる目的の遂行に支障を及ぼすおそれがないこと。

四　前三号に掲げるもののほか、総務省令で定める無線局（基幹放送局を除く。）の開設の根本的基準に合致すること。

第7条には、一陸特で出題される無線局においては、「経理的基礎や技術的能力に適合するかどうか」といった内容は、該当しませんので注意しましょう。

2 予備免許

　無線局免許を申請後、すぐに無線局免許状が発行されるわけではありません。まず予備免許が付与され、予備免許の下で機器調整などを行い、その後検査を行い合格すれば本免許が与えられます。

電波法第8条（予備免許）

総務大臣は、前条の規定により審査した結果、その申請が同条第1項各号又は第2項各号に適合していると認めるときは、申請者に対し、次に掲げる事項を指定して、無線局の予備免許を与える。

一　工事落成の期限

二　電波の型式及び周波数

三　呼出符号（標識符号を含む。）、呼出名称その他の総務省令で定める識別信号

四　空中線電力

五　運用許容時間

2　総務大臣は、予備免許を受けた者から申請があった場合において、相当と認めるときは、前項第一号の期限を延長することができる。

申請者に対して予備免許を与える際は、免許の有効期間を指定するのではなく、工事落成の期限を指定します。

電波法第 9 条（工事設計等の変更）より一部抜粋、概略

> 予備免許を受けた者は、工事設計を変更しようとするときは、あらかじめ総務大臣の許可を受けなければならない。但し、総務省令で定める**軽微な事項**については、この限りでない。
>
> 2　総務省令で定める軽微な事項について工事設計を変更したときは、遅滞なくその旨を総務大臣に届け出なければならない。
>
> 3　工事設計の変更は、周波数、電波の型式又は空中線電力に変更を来すものであってはならない。
>
> 4　予備免許を受けた者は、**無線局の目的、通信の相手方、通信事項、放送事項、放送区域、無線設備の設置場所又は基幹放送の業務に用いられる電気通信設備**を変更しようとするときは、あらかじめ総務大臣の許可を受けなければならない。ただし、次に掲げる事項を内容とする無線局の目的の変更は、これを行うことができない。
>
> 一　基幹放送局以外の無線局が基幹放送をすることとすること。
>
> 二　基幹放送局が基幹放送をしないこととすること。

電波法第 19 条（申請による周波数等の変更）

> 総務大臣は、免許人又は第 8 条の予備免許を受けた者が識別信号、電波の型式、周波数、空中線電力又は運用許容時間の指定の変更を申請した場合において、混信の除去その他特に必要があると認めるときは、その指定を変更することができる。

第 19 条の内容に、無線設備の設置場所の変更は入りませんので注意しましょう。

電波法第76条より一部抜粋

> 総務大臣は、免許人等がこの法律、放送法若しくはこれらの法律に基づく命令又はこれらに基づく処分に違反したときは、3月以内の期間を定めて無線局の運用の停止を命じ、又は期間を定めて運用許容時間、周波数若しくは空中線電力を制限することができる。
>
> 4　総務大臣は、免許人が次の各号のいずれかに該当するときは、その免許を取り消すことができる。
>
> 一　正当な理由がないのに、無線局の運用を引き続き6月以上休止したとき。
>
> 二　不正な手段により無線局の免許若しくは第17条の許可を受け、又は第19条の規定による指定の変更を行わせたとき。

頻出項目をチェック！

1 ☐　無線局の免許の取消しを受け、その取消しの日から2年を経過しない者には、無線局の免許を与えないことができる。

2 ☐　予備免許を受けた者は、工事設計を変更しようとするときは、あらかじめ総務大臣の許可を受けなければならない。

こんな選択肢は誤り！

電波法第9条の規定では、電波法第8条の予備免許を受けた者が行う工事設計の変更は、無線設備の設置場所に変更を来すものであってはならない。

周波数、電波の型式又は空中線電力に変更を来すものであってはならない。

練習問題

問 1　申請の審査　　令和 4 年 2 月期　「法規　午後」問 1

次に掲げる事項のうち、総務大臣が固定局の免許の申請書を受理したときに審査しなければならない事項に該当しないものはどれか。電波法（第 7 条）の規定に照らし、下の 1 から 4 までのうちから一つ選べ。

1　総務省令で定める無線局（基幹放送局を除く。）の開設の根本的基準に合致すること。
2　工事設計が電波法第 3 章（無線設備）に定める技術基準に適合すること。
3　当該業務を維持するに足りる経理的基礎及び技術的能力があること。
4　周波数の割当てが可能であること。

解答　3

「経理的基礎及び技術的能力があること」の審査は、基幹放送局の免許を受けようとする場合に含まれる項目です。

問 2　欠格事由　　令和 3 年 6 月期　「法規　午後」問 1

総務大臣が無線局の免許を与えないことができる者に関する次の事項のうち、電波法（第 5 条）の規定に照らし、この規定に定めるところに該当するものはどれか。下の 1 から 4 までのうちから一つ選べ。

1　無線局の免許の取消しを受け、その取消しの日から 2 年を経過しない者
2　無線局の免許の有効期間満了により免許が効力を失い、その効力を失った日から 2 年を経過しない者
3　刑法に規定する罪を犯し罰金以上の刑に処せられ、その執行を終わり、又はその執行を受けることがなくなった日から 2 年を経過しない者
4　無線局の予備免許の際に指定された工事落成の期限経過後 2 週間以

内に工事が落成した旨の届出がなかったことにより免許を拒否され、その拒否の日から2年を経過しない者

解答 1

選択肢3は「刑法に規定する罪」となっていますが、刑法上の罪と電波法上の罪とは関係ありません。

問3 工事設計等の変更　　　　　　　　　　令和3年6月期 「法規 午前」問2

次の記述は、無線局の予備免許を受けた者が行う工事設計の変更について述べたものである。電波法（第9条）の規定に照らし、□□□内に入れるべき最も適切な字句の組合せを下の1から4までのうちから一つ選べ。

① 電波法第8条の予備免許を受けた者は、工事設計を変更しようとするときは、あらかじめ　A　なければならない。

② ①の変更は、　B　に変更を来すものであってはならず、かつ、電波法第7条（申請の審査）第1項第1号の　C　に合致するものでなければならない。

	A	B	C
1	総務大臣の許可を受け	周波数、電波の型式又は空中線電力	技術基準（電波法第3章（無線設備）に定めるものに限る。）
2	総務大臣の許可を受け	無線設備の設置場所	無線局（基幹放送局を除く。）の開設の根本的基準
3	総務大臣に届け出	周波数、電波の型式又は空中線電力	無線局（基幹放送局を除く。）の開設の根本的基準
4	総務大臣に届け出	無線設備の設置場所	技術基準（電波法第3章（無線設備）に定めるものに限る。）

解答　1

Cの「技術基準（電波法第3章（無線設備）に定めるものに限る。）」と、「無線局（基幹放送局を除く。）の開設の根本的基準」はどちらも第7条の内容ですが、第1項第1号に定めるのは、「技術基準（電波法第3章（無線設備）に定めるものに限る。）」です。

（➡ p.271、p.273 参照）

問4 免許の申請　　令和3年2月期　「法規　午前」問1

次の記述は、固定局の免許の申請について述べたものである。電波法（第6条）の規定に照らし、□□□内に入れるべき最も適切な字句の組合せを下の1から4までのうちから一つ選べ。

固定局の免許を受けようとする者は、申請書に、次の（1）から（8）までに掲げる事項を記載した書類を添えて、総務大臣に提出しなければならない。

(1) 目的
(2) 　A
(3) 通信の相手方及び通信事項
(4) 無線設備の設置場所
(5) 電波の型式並びに　B　及び空中線電力
(6) 希望する運用許容時間（運用することができる時間をいう。）
(7) 無線設備（電波法第30条（安全施設）の規定により備え付けなければならない設備を含む。）の工事設計及び　C
(8) 運用開始の予定期日

	A	B	C
1	申請者が現に行っている業務の概要	発射可能な周波数の範囲	工事落成の予定期日
2	申請者が現に行っている業務の概要	希望する周波数の範囲	工事費の支弁方法
3	開設を必要とする理由	発射可能な周波数の範囲	工事費の支弁方法

277

| | 4 | 開設を必要とする理由 | 希望する周波数の
範囲 | 工事落成の
予定期日 |

解答 4

申請書に記載する事項には、開設理由、希望する周波数の範囲、工事落成の予定期日があります。

（➡ p.271 参照）

> 初見ではとても複雑で難しく思えるかもしれませんが、過去問を見ると同じようなパターンで出題されています。

問5 申請による周波数等の変更　　　　　令和4年6月期　「法規　午後」問1

次の記述は、申請による周波数等の変更について述べたものである。電波法（第19条及び第76条）の規定に照らし、□□□内に入れるべき最も適切な字句の組合せを下の1から4までのうちから一つ選べ。

① 総務大臣は、免許人又は電波法第8条の予備免許を受けた者が識別信号、□A□又は運用許容時間の指定の変更を申請した場合において、□B□特に必要があると認めるときは、その指定を変更することができる。

② 総務大臣は、免許人（包括免許人を除く。）が不正な手段により電波法第19条（申請による周波数等の変更）の規定による①の指定の変更を行わせたときは、□C□ことができる。

	A	B	C
1	電波の型式、周波数、空中線電力	電波の規整その他公益上	6箇月以内の期間を定めて無線局の運用の停止を命ずる
2	電波の型式、周波数、空中線電力	混信の除去その他	その免許を取り消す

3　無線設備の設置場所、電波の型式、周波数、空中線電力	電波の規整その他公益上	その免許を取り消す
4　無線設備の設置場所、電波の型式、周波数、空中線電力	混信の除去その他	6 箇月以内の期間を定めて無線局の運用の停止を命ずる

解答　2

免許人又は第 8 条の予備免許を受けた者が、識別信号、電波の型式、周波数、空中線電力又は運用許容時間の指定の変更を申請した場合、混信の除去その他特に必要があると認めるときは、総務大臣はその指定を変更することができます。なお、「6 箇月以内の期間を定めて無線局の運用の停止を命じる」という規定はありません。

（➡ p.273、p.274 参照）

問6 **運用の制限等**　　　　　令和 4 年 2 月期　「法規　午前」問 9

次に掲げる処分のうち、無線局（登録局を除く。）の免許人が電波法、放送法若しくはこれらの法律に基づく命令又はこれらに基づく処分に違反したときに総務大臣から受けることがある処分に該当しないものはどれか。電波法（第 76 条）の規定に照らし、下の 1 から 4 までのうちから一つ選べ。

　1　期間を定めて行う周波数の制限
　2　期間を定めて行う空中線電力の制限
　3　期間を定めて行う運用許容時間の制限
　4　期間を定めて行う通信の相手方又は通信事項の制限

解答　4

免許人等が、この法律、放送法若しくはこれらの法律に基づく命令又は処分に違反したとき、総務大臣は、3 月以内の期間を定めて**無線局の運用の停止**を命じ、又は期間を定めて**運用許容時間、周波数**若しくは**空中線電力**を制限することができます。

（➡ p.274 参照）

Lesson 02 工事落成後の検査と無線局免許の付与

> **学習のポイント**　　　　　　　　　　重要度 ★★★★★
>
> ● 予備免許を与えられた後、無線局の工事を行って整備調整が完了すれば、総務大臣に届け出て検査を受け、合格することで本免許が付与されます。

1 ▶ 落成検査

電波法第10条（落成後の検査）より要約

> 予備免許を受けた者は、工事が落成したときは、その旨を総務大臣に届け出て、その無線設備、無線従事者の資格及び員数並びに時計及び書類について検査を受けなければならない。
>
> 2　前項の検査は、同項の検査を受けようとする者が、当該検査を受けようとする無線設備等について登録検査等事業者または登録外国点検事業者が総務省令で定めるところにより行った当該登録に係る点検の結果を記載した書類を添えて前項の届出をした場合においては、その一部を省略することができる。

落成検査は、新設検査とも呼ばれています。

電波法第11条（免許の拒否）より要約

> 工事落成期限経過後2週間以内に前条の規定による届出がないときは、総務大臣は、その無線局の免許を拒否しなければならない。

電波法第 12 条（免許の付与）より要約

> 総務大臣は、落成検査を行った結果、その無線設備が工事設計に合致し、かつ、その無線従事者の資格及び員数、時計及び書類が規定にそれぞれ違反しないと認めるときは、遅滞なく申請者に対し免許を与えなければならない。

2 無線局免許

1　免許の有効期間、免許状等

　無線局免許に関する条文は以下のとおりです。無線局免許については問題にされやすく、出題される可能性が高いので、しっかり覚えておきましょう。

電波法第 13 条（免許の有効期間）より一部抜粋

> 免許の有効期間は、免許の日から起算して 5 年を超えない範囲内において総務省令で定める。ただし、再免許を妨げない。

電波法施行規則第 7 条（免許等の有効期間）より一部抜粋

> 総務省令で定める免許の有効期間は、次のとおりとする。
> 　五　特定実験試験局　当該周波数の使用が可能な期間
> 　六　実用化試験局　2 年
> 　七　その他の無線局　5 年

電波法第 14 条（免許状）より一部抜粋

> 総務大臣は、免許を与えたときは、免許状を交付する。
> 2　免許状には、次に掲げる事項を記載しなければならない。
> 　一　免許の年月日及び免許の番号

Lesson
02

工事落成後の検査と無線局免許の付与

281

二　免許人（無線局の免許を受けた者をいう。以下同じ。）の氏名又は名称及び住所

三　無線局の種別

四　無線局の目的（主たる目的及び従たる目的を有する無線局にあっては、その主従の区別を含む。）

五　通信の相手方及び通信事項

六　無線設備の設置場所

七　免許の有効期間

八　識別信号

九　電波の型式及び周波数

十　空中線電力

十一　運用許容時間

2　再免許

免許の有効期間満了後も無線局を運用しようとするときは、免許有効期間の満了前に申請書を提出して再免許を受ける必要があります。

無線局免許手続規則第 18 条（申請の期間）

再免許の申請は、アマチュア局（人工衛星等のアマチュア局を除く。）にあっては免許の有効期間満了前 1 箇月以上 1 年を超えない期間、特定実験試験局にあっては免許の有効期間満了前 1 箇月以上 3 箇月を超えない期間、その他の無線局にあっては免許の有効期間満了前 3 箇月以上 6 箇月を超えない期間において行わなければならない。ただし、免許の有効期間が 1 年以内である無線局については、その有効期間満了前 1 箇月までに行うことができる。

2　前項の規定にかかわらず、再免許の申請が総務大臣が別に告示する無線局に関するものであって、当該申請を電子申請等により行う場合にあっては、免許の有効期間満了前1箇月以上6箇月を超えない期間に行うことができる。

3　前2項の規定にかかわらず、免許の有効期間満了前1箇月以内に免許を与えられた無線局については、免許を受けた後直ちに再免許の申請を行わなければならない。

 Point

再免許の申請受付期間

・固定局……免許の有効期間満了前3箇月以上6箇月を超えない期間

・免許の有効期間が1年以内である無線局……免許の有効期間満了前1箇月まで

・特定実験試験局……免許の有効期間満了前1箇月以上3箇月を超えない期間

無線局免許手続規則第19条（審査及び免許の付与）より一部抜粋

総務大臣又は総合通信局長は、法第7条の規定により再免許の申請を審査した結果、その申請が同条第1項各号又は第2項各号に適合していると認めるときは、申請者に対し、次に掲げる事項を指定して、無線局の免許を与える。

一　電波の型式及び周波数

二　識別信号

三　空中線電力

四　運用許容時間

Lesson 02

工事落成後の検査と無線局免許の付与

1 ☐ 免許の有効期間は、免許の日から起算して<u>5年</u>を超えない範囲内において総務省令で定める。ただし、再免許を妨げない。

2 ☐ 無線局の再免許の申請受付期間は、<u>固定局</u>（免許の有効期間が1年以内であるものを除く。）では免許の有効期間満了前<u>3箇月以上6箇月</u>を超えない期間である。

練習問題

問1 免許の有効期間、再免許等　　　　　　　　令和4年6月期　「法規　午後」問2

無線局の免許の有効期間及び再免許の申請の期間に関する次の記述のうち、電波法（第13条）、電波法施行規則（第7条）及び無線局免許手続規則（第18条）の規定に照らし、これらの規定に定めるところに適合しないものはどれか。下の1から4までのうちから一つ選べ。

1　免許の有効期間は、免許の日から起算して5年を超えない範囲内において総務省令で定める。ただし、再免許を妨げない。

2　特定実験試験局（総務大臣が公示する周波数、当該周波数の使用が可能な地域及び期間並びに空中線電力の範囲内で開設する実験試験局をいう。）の免許の有効期間は、当該周波数の使用が可能な期間とする。

3　固定局の免許の有効期間は、5年とする。

4　再免許の申請は、固定局（免許の有効期間が1年以内であるものを除く。）にあっては免許の有効期間満了前1箇月以上1年を超えない期間において行わなければならない。

解答　4

固定局（免許の有効期間が 1 年以内であるものを除く。）については、1 箇月以上 1 年を超えない期間ではなく、3 箇月以上 6 箇月を超えない期間とされています。

（➡ p.281、p.282 参照）

問2 落成後の検査　　　　　　　令和 4 年 2 月期　「法規　午前」問 1

次の記述は、無線局の落成後の検査について述べたものである。電波法（第 10 条）の規定に照らし、□□□内に入れるべき最も適切な字句の組合せを下の 1 から 4 までのうちから一つ選べ。

① 電波法第 8 条の予備免許を受けた者は、工事が落成したときは、その旨を総務大臣に届け出て、その無線設備、無線従事者の資格（主任無線従事者の要件に係るものを含む。）及び　A　並びに時計及び書類（以下「無線設備等」という。）について検査を受けなければならない。

② ①の検査は、①の検査を受けようとする者が、当該検査を受けようとする無線設備等について登録検査等事業者 (注1) 又は登録外国点検事業者 (注2) が総務省令で定めるところにより行った当該登録に係る　B　を記載した書類を添えて①の届出をした場合においては、　C　することができる。

注 1　電波法第 24 条の 2（検査等事業者の登録）第 1 項の登録を受けた者をいう。
　　2　電波法第 24 条の 13（外国点検事業者の登録等）第 1 項の登録を受けた者をいう。

	A	B	C
1	員数	検査の結果	省略
2	員数	点検の結果	その一部を省略
3	技能	検査の結果	その一部を省略
4	技能	点検の結果	省略

解答　2

紛らわしい問題ですが、落成後の検査は、**点検**で**一部省略**と規定されています。

（➡ p.280 参照）

Lesson 03　無線設備の変更の工事

学習のポイント　　　　　　　　　　重要度 ★★★★★

● 無線局が運用を開始した後、何らかの理由で無線設備を変更する工事が必要になることがあります。このような場合、勝手に工事を行ってはいけません。規定を破ると罰則が科されます。

1　無線設備の変更の許可と検査

　設備の大きな変更工事を行う場合は、総務大臣の許可を得た後で変更の工事を行い、総務大臣の検査を受けなければいけません。

電波法第17条（変更等の許可） より一部抜粋

> 免許人は、無線局の目的、通信の相手方、通信事項、放送事項、放送区域、無線設備の設置場所若しくは基幹放送の業務に用いられる電気通信設備を変更し、又は無線設備の変更の工事をしようとするときは、あらかじめ総務大臣の許可を受けなければならない。ただし、次に掲げる事項を内容とする無線局の目的の変更は、これを行うことができない。
> 一　基幹放送局以外の無線局が基幹放送をすることとすること。
> 二　基幹放送局が基幹放送をしないこととすること。

電波法第18条（変更検査） より要約

> 前条第1項の規定により無線設備の設置場所の変更又は無線設備の変更の工事の許可を受けた免許人は、総務大臣の検査を受け、当該変更又は工事の結果が同条同項の許可の内容に適合していると認められた後でなければ、許可に係る無線設備を運用してはならない。ただし、総務省令で定める場合は、この限りでない。

> 2　前項の検査は、同項の検査を受けようとする者が、当該検査を受けようとする無線設備について登録検査等事業者又は登録外国点検事業者の登録を受けた者が総務省令で定めるところにより行った当該登録に係る点検の結果を記載した書類を総務大臣に提出した場合においては、その一部を省略することができる。

法第 18 条についても、よく出題されます。変更検査は、登録検査等
事業者の検査ではなく総務大臣の検査ですので、注意しましょう。

2 ▶ 罰則

　法第 18 条（変更検査）第 1 項の規定に違反して、無線設備を運用した場合は、1 年以下の懲役か、100 万円以下の罰金に処されます。

電波法第 110 条（第 9 章　罰則）より一部抜粋、要約

次の各号のいずれかに該当する場合には、当該違反行為をした者は、1 年以下の懲役又は 100 万円以下の罰金に処する。

一　第 4 条の規定による免許又は第 27 条の 21 第 1 項の規定による登録がないのに、無線局を開設したとき。

二　第 4 条の規定による免許又は第 27 条の 21 第 1 項の規定による登録がないのに、かつ、第 70 条の 7 第 1 項、第 70 条の 8 第 1 項又は第 70 条の 9 第 1 項の規定によらないで、無線局を運用したとき。

三　第 27 条の 7 の規定に違反して特定無線局を開設したとき。

四　第 100 条第 1 項の規定による許可がないのに、同項の設備を運用したとき。

五　第 52 条、第 53 条、第 54 条第一号又は第 55 条の規定に違反して無線局を運用したとき。

六　第 18 条第 1 項の規定に違反して無線設備を運用したとき。

なお、罰則については、1年以下の懲役又は100万円以下の罰金や、2年以下の懲役または100万円以下の罰金、1年以下の懲役または50万円以下の罰金などいくつかパターンがあります。以下の罰則のまとめでよく整理しておきましょう。

1 年以下の懲役または 100 万円以下の罰金

・免許または登録がないのに無線局の**開設**をした者（法第 110 条第一号）
・免許または登録がないのに、規定によらずに無線局の**運用**をした者（法第 110 条第二号）
・免許状等に記載された**指定無線局数を超えて**特定無線局を**開設**した者（法第 110 条第三号）
・総務大臣の許可を受けなければならない**高周波利用設備**を、総務大臣の**許可なく運用**したもの（法第 110 条第四号）
・**目的外通信**等の規定に違反して無線局を**運用**した者（法第 110 条第五号）
・**変更検査**の規定に違反して無線設備を**運用**した者（法第 110 条第六号）
・**技術基準適合命令**に違反した者（法第 110 条第七号）
・電波の発射の停止、または無線局の運用の停止等によって電波の発射または運用の停止された無線局を**運用**した者（法第 110 条第八号）
・**非常事態**の場合の無線通信の規定による処分に**違反**した者（法第 110 条第九号）
など

2 年以下の懲役または 100 万円以下の罰金

・**わいせつな通信**を発した者（法第 108 条）
・無線通信の**業務に従事する者**がその業務に関し知り得た**秘密を漏らし**、又は**窃用**した場合（法第 109 条第 2 項）
など

1 年以下の懲役または 50 万円以下の罰金

・無線局の取扱中に係る無線通信の秘密を漏らし、又は窃用した者（法第 109 条）
・登録取消し等規定による命令に違反した者（法第 110 条の 2）
・重要無線通信障害原因となる高層部分の工事の制限規定に違反し、障害原因部分に係る工事を自ら行い、又はその請負人に行わせた者（法第 110 条の 2）

など

Lesson
03

無線設備の変更の工事

頻出項目をチェック！

1 ☐ 免許人は、無線局の目的、通信の相手方、通信事項若しくは<u>無線設備の設置場所</u>を変更し、又は<u>無線設備の変更の工事</u>をしようとするときは、あらかじめ<u>総務大臣の許可</u>を受けなければならない。

2 ☐ 法第 18 条（変更検査）第 1 項の規定に違反して無線設備を運用した場合は、<u>1 年以下の懲役</u>か、<u>100 万円以下の罰金</u>に処される。

こんな選択肢は誤り！

電波法第 17 条（変更等の許可）第 1 項の規定により~~通信の相手方、通信事項若しくは無線設備の設置場所~~の変更又は無線設備の変更の工事の許可を受けた免許人は、総務大臣の検査を受け、当該変更又は工事の結果が同条同項の許可の内容に適合していると認められた後でなければ、許可に係る無線設備を運用してはならない。

正しくは、<u>無線設備の設置場所</u>です。

問1 無線設備運用のための措置　令和4年6月期 「法規 午前」問2

総務大臣から無線設備の変更の工事の許可を受けた免許人が、許可に係る無線設備を運用するために執らなければならない措置に関する次の記述のうち、電波法（第18条）の規定に照らし、この規定に定めるところに適合するものはどれか。下の1から4までのうちから一つ選べ。

1　無線設備の変更の工事を行った後、遅滞なくその工事が終了した旨を総務大臣に届け出なければならない。

2　無線設備の変更の工事を実施した旨を免許状の余白に記載し、その写しを総務大臣に提出しなければならない。

3　総務省令で定める場合を除き、総務大臣の検査を受け、無線設備の変更の工事の結果が許可の内容に適合していると認められなければならない。

4　登録検査等事業者（注1）又は登録外国点検事業者（注2）の検査を受け、無線設備の変更の工事の結果が電波法第3章（無線設備）に定める技術基準に適合していると認められなければならない。

注1　電波法第24条の2（検査等事業者の登録）第1項の登録を受けた者をいう。
　　2　電波法第24条の13（外国点検事業者の登録等）第1項の登録を受けた者をいう。

解答　3

選択肢4と迷いやすいかもしれませんが、選択肢3のように規定されています。
（➡ p.286 参照）

問2 無線局免許後の変更手続等　令和4年2月期 「法規 午後」問2

次の記述は、無線局の免許後の変更手続等について述べたものである。電波法（第17条及び第18条）の規定に照らし、[　　]内に入れるべき最も適切な字句の組合せを下の1から4までのうちから一つ選べ。なお、同じ記号の[　　]内には、同じ字句が入るものとする。

① 免許人は、無線局の目的、 ☐A☐ 若しくは無線設備の設置場所を変更し、又は ☐B☐ をしようとするときは、あらかじめ総務大臣の許可を受けなければならない (注)。ただし、総務省令で定める軽微な事項については、この限りでない。

　注　基幹放送局以外の無線局が基幹放送をすることとする無線局の目的の変更は、これを行うことができない。

② ①により無線設備の設置場所の変更又は ☐B☐ の許可を受けた免許人は、総務大臣の検査を受け、当該変更又は工事の結果が①の許可の内容に適合していると認められた後でなければ、 ☐C☐ を運用してはならない。ただし、総務省令で定める場合は、この限りでない。

無線設備の変更の工事

	A	B	C
1	無線局の種別、通信の相手方、通信事項	無線設備の変更の工事	当該無線局の無線設備
2	無線局の種別、通信の相手方、通信事項	周波数、電波の型式若しくは空中線電力の変更	許可に係る無線設備
3	通信の相手方、通信事項	無線設備の変更の工事	許可に係る無線設備
4	通信の相手方、通信事項	周波数、電波の型式若しくは空中線電力の変更	当該無線局の無線設備

解答 3

Bは、電波法第9条（工事設計等の変更）の規定（➡ p.273 参照）と混同しやすいかもしれませんが、免許人は、無線局の目的、**通信の相手方、通信事項**若しくは無線設備の設置場所を変更し、又は**無線設備の変更の工事**をしようとするときは、あらかじめ総務大臣の許可を受けなければなりません。

（➡ p.286 参照）

Lesson 04　免許状の訂正、無線局の廃止

> **学習のポイント**　　　　　　　　　　重要度 ★★★★★
>
> ● 免許状の記載事項に訂正を生じたときの取り扱い方法や、効力を失った免許状の処分方法、無線局を廃止した際の手続きの方法などについて出題されることがあります。

1　免許状の訂正

　免許状に記載した事項に変更があるときは、免許人は、その免許状を総務大臣に提出し、訂正を受けなければなりません。

電波法第 21 条（免許状の訂正）

> 免許人は、免許状に記載した事項に変更を生じたときは、その免許状を総務大臣に提出し、訂正を受けなければならない。

無線局免許手続規則第 22 条（免許状の訂正） より一部抜粋

> 免許人は、法第 21 条の免許状の訂正を受けようとするときは、次に掲げる事項を記載した申請書を総務大臣又は総合通信局長に提出しなければならない。
> 　一　免許人の氏名又は名称及び住所並びに法人にあっては、その代表者の氏名
> 　二　無線局の種別及び局数
> 　三　識別信号
> 　四　免許の番号
> 　五　訂正を受ける箇所及び訂正を受ける理由

3　第1項の申請があった場合において、総務大臣又は総合通信局長は、新たな免許状の交付による訂正を行うことがある。

4　総務大臣又は総合通信局長は、第1項の申請による場合のほか、職権により免許状の訂正を行うことがある。

5　免許人は、新たな免許状の交付を受けたときは、遅滞なく旧免許状を返さなければならない。

2 無線局の廃止

電波法第 22 条（無線局の廃止）

免許人は、その無線局を廃止するときは、その旨を総務大臣に届け出なければならない。

電波法第 23 条

免許人が無線局を廃止したときは、免許は、その効力を失う。

3 免許状の返納、再交付等

電波法第 24 条（免許状の返納）

免許がその効力を失ったときは、免許人であった者は、1箇月以内にその免許状を返納しなければならない。

免許がその効力を失ったときは、免許状は自分で破棄するのではなく、1箇月以内に返納しなければなりません。

電波法第 78 条（電波の発射の防止）

> 無線局の免許等がその効力を失ったときは、免許人等であった者は、遅滞なく空中線の撤去その他の総務省令で定める電波の発射を防止するために必要な措置を講じなければならない。

無線局免許手続規則第 23 条（免許状の再交付）より一部抜粋

> 免許人は、免許状を破損し、汚し、失った等のために免許状の再交付の申請をしようとするときは、次に掲げる事項を記載した申請書を総務大臣又は総合通信局長に提出しなければならない。
>
> 　一　免許人の氏名又は名称及び住所並びに法人にあっては、その代表者の氏名
> 　二　無線局の種別及び局数
> 　三　識別信号
> 　四　免許の番号
> 　五　再交付を求める理由
>
> 3　前条第 5 項の規定は、第 1 項の規定により免許状の再交付を受けた場合に準用する。ただし、免許状を失った等のためにこれを返すことができない場合は、この限りでない。

上記第 3 項にある「前条第 5 項の規定」とは、「免許人は、新たな免許状の交付を受けたときは、遅滞なく旧免許状を返さなければならない。」のことです。つまり、免許人は、新たな免許状の交付を受けたら、遅滞なく旧免許状を返さなければなりませんが、紛失した等で返せない場合もあるよね、ということです。

免許の再交付の申請は、破損、失ったときだけでなく、汚した場合も明記してあります。「は、よ、う、再交付申請！」で覚えましょう。

1 ☐　免許がその効力を失ったときは、免許人であった者は、1 箇月以内にその免許状を返納しなければならない。

免許人は、免許状を破損し、~~失った~~等のために免許状の再交付の申請をしようとするときは、次に掲げる事項を記載した申請書を総務大臣又は総合通信局長に提出しなければならない。

正しくは、破損し、汚し、失った等です。

✏ **練 習 問 題** ≫≫≫

問1 **無線局の免許状**　　　　　　　　　令和 4 年 2 月期 「法規　午後」問 12

無線局の免許状に関する次の記述のうち、電波法（第 21 条及び第 24 条）及び無線局免許手続規則（第 22 条及び第 23 条）の規定に照らし、これらの規定に定めるところに適合しないものはどれか。下の 1 から 4 までのうちから一つ選べ。

1　免許人は、免許状に記載した事項に変更を生じたときは、その免許状を総務大臣に提出し、訂正を受けなければならない。

2　免許がその効力を失ったときは、免許人であった者は、10 日以内にその免許状を返納しなければならない。

3　免許人は、新たな免許状の交付による訂正を受けたときは、遅滞なく旧免許状を返さなければならない。

4　免許人は、免許状を破損し、汚し、失った等のために免許状の再交

付を受けたときは、遅滞なく旧免許状を返さなければならない。ただし、免許状を失った等のためにこれを返すことができない場合は、この限りでない。

解答 2

免許がその効力を失ったときの免許状の返納は1箇月以内と規定されています。
（➡ p.293 ～ p.294 参照）

問2 無線局の廃止等　　　　　　　　　　令和4年2月期「法規　午前」問12

次の記述は、無線局の廃止等について述べたものである。電波法（第22条から第24条まで）の規定に照らし、□□□内に入れるべき最も適切な字句の組合せを下の1から4までのうちから一つ選べ。

① 免許人は、その無線局を廃止するときは、その旨を総務大臣に□A□。

② 免許人が無線局を廃止したときは、免許は、その効力を失う。

③ 免許がその効力を失ったときは、免許人であった者は、□B□しなければならない。

	A	B
1	申請しなければならない	1箇月以内にその免許状を返納
2	届け出なければならない	1箇月以内にその免許状を返納
3	届け出なければならない	速やかにその免許状を廃棄し、その旨を総務大臣に報告
4	申請しなければならない	速やかにその免許状を廃棄し、その旨を総務大臣に報告

解答 2

比較的容易な出題です。廃止は届け出、そして免許状を勝手に廃棄するというのは変ですから、おのずと選択肢2しか残りません。
（➡ p.293 参照）

Lesson 01　無線設備・空中線

学習のポイント

重要度 ★★★★★

● 無線設備と空中線に関する問題は、出題されやすい項目です。しっか り覚えて得点源にしていきましょう。

1　無線設備の安全施設

　無線設備とは、無線電信、無線電話その他電波を送り、又は受けるための電気的設備のことです。安全に関する様々な規定があります。

電波法第 30 条（安全施設）

> 無線設備には、人体に危害を及ぼし、又は物件に損傷を与えることがないように、総務省令で定める施設をしなければならない。

電波法施行規則第 21 条の 3（無線設備の安全性の確保）

> 無線設備は、破損、発火、発煙等により人体に危害を及ぼし、又は物件に損傷を与えることがあってはならない。

2　電波の強度に関する安全施設

電波法施行規則第 21 条の 4（電波の強度に対する安全施設）より一部抜粋

> 無線設備には、当該無線設備から発射される電波の強度（電界強度、磁界強度、電力束密度及び磁束密度をいう。）が定める値を超える場所（人が通常、集合し、通行し、その他出入りする場所に限る。）に取扱者のほか容易に出入りすることができないように、施設をしなければならない。ただし、次の各号に掲げる無線局の無線設備については、この限りではない。

一　平均電力が 20mW 以下の無線局の無線設備

二　移動する無線局の無線設備

三　地震、台風、洪水、津波、雪害、火災、暴動その他非常の事態が発生し、又は発生するおそれがある場合において、臨時に開設する無線局の無線設備

3　高圧電気に対する安全施設

電波法施行規則第 22 条（高圧電気に対する安全施設）

高圧電気（高周波若しくは交流の電圧 300V 又は直流の電圧 750V をこえる電気をいう。）を使用する電動発電機、変圧器、ろ波器、整流器その他の機器は、外部より容易にふれることができないように、絶縁しゃへい体又は接地された金属しゃへい体の内に収容しなければならない。但し、取扱者のほか出入できないように設備した場所に装置する場合は、この限りでない。

無線従事者ではなく、取扱者であることに注意しましょう。

ゴロ合わせで覚えよう！　高圧電気

圧がすごい三役
（高圧電気）（交流 300V）

もうちょっとなごやかに
（直流 750V）

高圧電気とは、高周波若しくは交流の電圧が 300V 又は直流の電圧 750V をこえる電気をいう。

電波法施行規則第 23 条

> 送信設備の各単位装置相互間をつなぐ電線であって高圧電気を通ずるもの
> は、線溝若しくは丈夫な絶縁体又は接地された金属しゃへい体の内に収容し
> なければならない。但し、取扱者のほか出入できないように設備した場所に
> 装置する場合は、この限りでない。

電波法施行規則第 25 条より一部改変

> 送信設備の空中線、給電線若しくはカウンターポイズであって高圧電気を通
> ずるものは、その高さが人の歩行その他起居する平面から 2.5 m以上のもの
> でなければならない。但し、次の場合は、この限りでない。
> 　一　2.5 mに満たない高さの部分が、人体に容易にふれない構造である場
> 　　　合又は人体が容易にふれない位置にある場合
> 　二　移動局であって、その移動体の構造上困難であり、且つ、無線従事者
> 　　　以外の者が出入しない場所にある場合

> カウンターポイズとは、地面に直接接地する代わりに、
> 地面と平行に敷設する電線のことです。

4 ▶ 空中線等の保安施設

　空中線とはアンテナのことです。アンテナの性能が低いと送受信の性能が落ち
てしまいますから、できるだけ良質のアンテナを使うこととされています。

電波法施行規則第 26 条（空中線等の保安施設）

> 無線設備の空中線系には避雷器又は接地装置を、また、カウンターポイズに
> は接地装置をそれぞれ設けなければならない。ただし、26.175 MH z を超
> える周波数を使用する無線局の無線設備及び陸上移動局又は携帯局の無線設

備の空中線については、この限りでない。

無線設備規則第 20 条（送信空中線の型式及び構成等） より一部改変

送信空中線の型式及び構成は、次の各号に適合するものでなければならない。

一　空中線の利得及び能率がなるべく大であること。

二　整合が十分であること。

三　満足な指向特性が得られること。

無線設備規則第 22 条（送信空中線の型式及び構成等） より一部改変

空中線の指向特性は、次に掲げる事項によって定める。

一　主輻射方向及び副輻射方向

二　水平面の主輻射の角度の幅

三　空中線を設置する位置の近傍にあるものであって電波の伝わる方向を
　　乱すもの

四　給電線よりの輻射

頻出項目をチェック！

1 □ 高圧電気を使用する電動発電機、変圧器、ろ波器、整流器その他の機器は、
外部より容易にふれることができないように、<u>絶縁遮蔽体又は、接地され
た金属遮蔽体</u>の内に収容しなければならない。ただし、<u>取扱者</u>のほか出入
できないように設備した場所に装置する場合は、この限りでない。

2 □ 送信設備の空中線、給電線若しくはカウンターポイズであって高圧電気を
通ずるものは、その高さが人の歩行その他起居する平面から <u>2.5m 以上</u>の
ものでなければならない。

問 1 空中線等の保安施設

令和 4 年 2 月期　「法規　午後」問 4

次の記述は、空中線等の保安施設について述べたものである。電波法施行規則（第 26 条）の規定に照らし、□□□内に入れるべき最も適切な字句の組み合わせを下の 1 から 4 までのうちから一つ選べ。

無線設備の空中線系には □A□ を、また、カウンターポイズには □B□ をそれぞれ設けなければならない。ただし、□C□ 周波数を使用する無線局の無線設備及び陸上移動局又は携帯局の無線設備の空中線については、この限りでない。

	A	B	C
1	避雷器及び接地装置	避雷器	26.175MHz を超える
2	避雷器又は接地装置	接地装置	26.175MHz を超える
3	避雷器及び接地装置	接地装置	26.175MHz 以下の
4	避雷器又は接地装置	避雷器	26.175MHz 以下の

解答　2

紛らわしい出題ですが、確実に覚えておきましょう。

（➡ p.299 〜 p.300 参照）

問 2 送信空中線の型式及び構成

令和 4 年 2 月期　「法規　午後」問 5

次に掲げる事項のうち、送信空中線の型式及び構成が適合しなければならない条件に該当しないものはどれか。無線設備規則（第 20 条）の規定に照らし、下の 1 から 4 までのうちから一つ選べ。

1　発射可能な電波の周波数帯域がなるべく広いものであること。
2　空中線の利得及び能率がなるべく大であること。
3　満足な指向特性が得られること。
4　整合が十分であること。

解答　1

アマチュア局のように色々な周波数を利用する無線局の場合、広い周波数帯域で使用できるアンテナは便利ですが、業務局などでは単一周波数でのみ運用する場合も多く、そのような場合に、選択肢1のような**周波数帯域がなるべく広いもの**であるという条件は**不要**です。

問3 高圧電気の安全施設 令和3年2月期 「法規 午前」問4

次の記述は、高圧電気に対する安全施設について述べたものである。電波法施行規則（第25条）の規定に照らし、 ____ 内に入れるべき最も適切な字句の組合せを下の1から4までのうちから一つ選べ。なお、同じ記号の ____ 内には、同じ字句が入るものとする。

送信設備の空中線、給電線若しくはカウンターポイズであって高圧電気（高周波若しくは交流の電圧 __A__ 又は直流の電圧750ボルトを超える電気をいう。）を通ずるものは、その高さが人の歩行その他起居する平面から __B__ 以上のものでなければならない。ただし、次の（1）及び（2）に掲げる場合は、この限りでない。

（1） __B__ に満たない高さの部分が、人体に容易に触れない構造である場合又は人体が容易に触れない位置にある場合

（2） 移動局であって、その移動体の構造上困難であり、かつ、 __C__ 以外の者が出入しない場所にある場合

	A	B	C
1	350ボルト	3メートル	無線従事者
2	300ボルト	2.5メートル	無線従事者
3	350ボルト	2.5メートル	取扱者
4	300ボルト	3メートル	取扱者

解答 2

「**無線従事者**以外の者」「**取扱者**以外の者」は間違いやすいので要チェックです。また、高圧電気の定義（交流**300V**）が電気事業法などと異なる点も注意が必要です。

Lesson 02 周波数測定装置の備付け等

学習のポイント 重要度 ★★★★☆

● 電波は測定器を使用しなければ周波数などの詳細が分かりません。無線局においても、場合によっては周波数測定装置を備付ける義務が発生します。

1 周波数測定装置の備付け

電波法第 31 条（周波数測定装置の備付け）

> 総務省令で定める送信設備には、その誤差が使用周波数の許容偏差の 2 分の 1 以下である周波数測定装置を備えつけなければならない。

電波法施行規則第 11 条の 3（周波数測定装置の備付け）より一部抜粋

> 法第 31 条の総務省令で定める送信設備は、次の各号に掲げる送信設備以外のものとする。
> 　一　26.175MHz を超える周波数の電波を利用するもの
> 　二　空中線電力 10W 以下のもの

　上記にあるとおり、送信設備には周波数測定装置を備えなければなりませんが、備付ける周波数測定装置には、誤差が許容偏差の 2 分の 1 以下という条件があります。

26.175MHz を超える周波数のものや、空中線電力が 10W 以下のものは、周波数測定装置備付は義務付けられていない、ということです。

2 無線設備の機器の検定

電波法第 37 条（無線設備の機器の検定）より一部抜粋

次に掲げる無線設備の機器は、その型式について、総務大臣の行う検定に合格したものでなければ、施設してはならない。ただし、総務大臣が行う検定に相当する型式検定に合格している機器その他の機器であって総務省令で定めるものを施設する場合は、この限りでない。

一　第31条の規定により備え付けなければならない周波数測定装置

　上記にあるとおり、周波数測定装置は、その型式について総務大臣の行う検定に合格したものでなければ施設できません。

3 周波数の安定のための条件

無線設備規則第 15 条（周波数の安定のための条件）

周波数をその許容偏差内に維持するため、送信装置は、できる限り電源電圧又は負荷の変化によって発振周波数に影響を与えないものでなければならない。

2　周波数をその許容偏差内に維持するため、発振回路の方式は、できる限り外囲の温度若しくは湿度の変化によって影響を受けないものでなければならない。

3　移動局（移動するアマチュア局を含む。）の送信装置は、実際上起り得る振動又は衝撃によっても周波数をその許容偏差内に維持するものでなければならない。

移動局の送信装置は、現実問題として振動や衝撃が起こり得ますので、それによって送信周波数が変動してしまっては大変です。

無線設備規則第 16 条より一部改変

> 水晶発振回路に使用する水晶発振子は、周波数をその許容偏差内に維持するため、次の条件に適合するものでなければならない。
>
> 一 発振周波数が当該送信装置の水晶発振回路により又はこれと同一の条件の回路によりあらかじめ試験を行って決定されているものであること。
>
> 二 恒温槽を有する場合は、恒温槽は水晶発振子の温度係数に応じてその温度変化の許容値を正確に維持するものであること。

上記のように、周波数を安定させるための条件が定められています。周波数をその許容偏差内に維持するために、水晶発振子に一定水準が求められています。

水晶発振子とは、正確な周波数を作り出す部品で、無線機器のほかにも時計など広く利用されています。

頻出項目をチェック！

1 ☐ 総務省令で定める送信設備には、その誤差が使用周波数の許容偏差の<u>2 分の 1 以下</u>である周波数測定装置を備え付けなければならない。

2 ☐ <u>26.175MHz を超える</u>周波数の電波を利用するものや、空中線電力 <u>10W 以下</u>のものは、法第 31 条の総務省令で定める送信設備の設置は義務付けられていない。

3 ☐ 周波数をその許容偏差内に維持するため、送信装置は、できる限り<u>電源電圧又は負荷</u>の変化によって発振周波数に影響を与えないものでなければならない。

こんな選択肢は誤り！

周波数をその許容偏差内に維持するため、発振回路の方式は、できる限り~~気圧の変化~~によって影響を受けないものでなければならない。

正しくは、<u>外囲の温度若しくは湿度の変化</u>です。

練習問題

問1 周波数測定装置の備付け等　　令和4年2月期 「法規 午前」問3

周波数測定装置の備付け等に関する次の記述のうち、電波法（第31条及び第37条）及び電波法施行規則（第11条の3）の規定に照らし、これらの規定に定めるところに適合しないものはどれか。下の1から4までのうちから一つ選べ。

1　総務省令で定める送信設備には、その誤差が使用周波数の許容偏差の2分の1以下である周波数測定装置を備え付けなければならない。

2　電波法第31条の規定により備え付けなければならない周波数測定装置は、その型式について、総務大臣の行う検定に合格したものでなければ、施設してはならない (注)。

　　注　総務大臣が行う検定に相当する型式検定に合格している機器その他の機器であって総務省令で定めるものを施設する場合を除く。

3　26.175MHz以下の周波数の電波を利用する送信設備には、電波法第31条に規定する周波数測定装置の備付けを要しない。

4　空中線電力10ワット以下の送信設備には、電波法第31条に規定する周波数測定装置の備付けを要しない。

解答　3

条文には、「26.175MHzを超える周波数の電波を利用するもの等以外は、周波数測定装置が必要」とありますから、26.175MHz以下の周波数の電波を利用する送信設備の場合は**必要**となります。

問2 周波数の安定

周波数の安定のための条件に関する次の記述のうち、無線設備規則（第 15 条及び第 16 条）の規定に照らし、これらの規定に定めるところに適合しないものはどれか。下の 1 から 4 までのうちから一つ選べ。

1　周波数をその許容偏差内に維持するため、送信装置は、できる限り電源電圧又は負荷の変化によって発振周波数に影響を与えないものでなければならない。

2　周波数をその許容偏差内に維持するため、発振回路の方式は、できる限り外囲の温度又は湿度の変化によって影響を受けないものでなければならない。

3　移動局（移動するアマチュア局を含む。）の送信装置は、実際上起り得る気圧の変化によっても周波数をその許容偏差内に維持するものでなければならない。

4　水晶発振回路に使用する水晶発振子は、周波数をその許容偏差内に維持するため、発振周波数が当該送信装置の水晶発振回路により又はこれと同一の条件の回路によりあらかじめ試験を行って決定されているものでなければならない。

解答　3

気圧の変化ではなく、「振動または衝撃」と規定されています。周波数の安定のための条件に関しては、「電源電圧又は負荷の変化」「外囲の温度又は湿度の変化」など、いろいろな規定がありますので、混乱しないように注意が必要です。

Lesson 03

電波の質が不適合である場合の処置

学習のポイント　　　　　　　　　重要度 ★★★★★

● 送信設備の故障等により、不要輻射成分が規定を超えた不適合な電波
を発射してしまう可能性があります。その際に行われる処置について
規定されています。比較的よく出題されています。

1　電波の質及び受信設備の条件

　電波の質は、周波数の偏差及び幅、高調波の強度等で決まります。この電波の
質については、総務省令で定められた基準に適合するものでなければなりません。

電波法第 28 条（電波の質）

> 送信設備に使用する電波の周波数の偏差及び幅、高調波の強度等電波の質は、
> 総務省令で定めるところに適合するものでなければならない。

電波法第 29 条（受信設備の条件）

> 受信設備は、その副次的に発する電波又は高周波電流が、総務省令で定める
> 限度をこえて他の無線設備の機能に支障を与えるものであってはならない。

2　技術基準適合命令

　無線設備が技術基準に適合していないと認めるときは、総務大臣は、免許人等
に次の内容を命じることができます。

電波法第 71 条の 5（技術基準適合命令）

総務大臣は、無線設備が第 3 章に定める技術基準に適合していないと認める
ときは、当該無線設備を使用する無線局の免許人等に対し、その技術基準に
適合するように当該無線設備の修理その他の必要な措置をとるべきことを命
ずることができる。

3　電波の発射の停止

　総務大臣は、電波の質が不適合であると認める場合、その無線局に対し、臨時
に電波の発射の停止を命じることができます。

電波法第 72 条（電波の発射の停止）

総務大臣は、無線局の発射する電波の質が第 28 条の総務省令で定めるもの
に適合していないと認めるときは、当該無線局に対して臨時に電波の発射の
停止を命ずることができる。

2　総務大臣は、前項の命令を受けた無線局からその発射する電波の質が第
　 28 条の総務省令の定めるものに適合するに至った旨の申出を受けたと
　 きは、その無線局に電波を試験的に発射させなければならない。

3　総務大臣は、前項の規定により発射する電波の質が第 28 条の総務省令
　 で定めるものに適合しているときは、直ちに第 1 項の停止を解除しな
　 ければならない。

Lesson
03

電波の質が不適合である場合の処置

1 ☐ 送信設備に使用する電波の周波数の偏差及び幅、高調波の強度等電波の質は、総務省令で定めるところに適合するものでなければならない。

2 ☐ 受信設備は、その副次的に発する電波又は高周波電流が、総務省令で定める限度をこえて<u>他の無線設備</u>の機能に支障を与えるものであってはならない。

✐ 練習問題 》》》

問1 総務大臣が行う処分　　　　令和3年10月期 「法規 午後」問10

無線設備が電波法第3章（無線設備）に定める技術基準に適合していないと認めるときに、総務大臣が当該無線設備を使用する無線局（登録局を除く。）の免許人に対して行うことができる処分に関する次の事項のうち、電波法（第71条の5）の規定に照らし、この規定に定めるところに該当するものはどれか。下の1から4までのうちから一つ選べ。

　　1　無線局の免許を取り消すこと。
　　2　当該無線設備の使用を禁止すること。
　　3　期間を定めて無線局の運用の停止を命ずること。
　　4　技術基準に適合するように当該無線設備の修理その他の必要な措置
　　　　を執るべきことを命ずること。

解答　4
（➡ p.309 参照）

問2 総務大臣が行う処分等

次の記述は、無線局の発射する電波の質が総務省令で定めるものに適合していないと認めるときに総務大臣が行うことができる処分等について述べたものである。電波法（第 72 条）の規定に照らし、□□□内に入れるべき最も適切な字句の組合せを下の 1 から 4 までのうちから一つ選べ。

① 総務大臣は、無線局の発射する電波の質が電波法第 28 条の総務省令で定めるものに適合していないと認めるときは、当該無線局に対して臨時に　A　を命ずることができる。

② 総務大臣は、①の命令を受けた無線局からその発射する電波の質が電波法第 28 条の総務省令の定めるものに適合するに至った旨の申出を受けたときは、その無線局に　B　させなければならない。

③ 総務大臣は、②により発射する電波の質が電波法第 28 条の総務省令で定めるものに適合しているときは、　C　しなければならない。

	A	B	C
1	運用の停止	電波の質の測定結果を報告	直ちに①の停止を解除
2	電波の発射の停止	電波を試験的に発射	直ちに①の停止を解除
3	運用の停止	電波を試験的に発射	当該無線局に対してその旨を通知
4	電波の発射の停止	電波の質の測定結果を報告	当該無線局に対してその旨を通知

解答　2

比較的よく出題される問題です。確実に正答できるようにしておきましょう。

（➡ p.309 参照）

Lesson 03

電波の質が不適合である場合の処置

Lesson 04　受信設備の条件

学習のポイント　　　　　　　　　　重要度　★ ★ ☆ ☆ ☆

- ● 受信設備は、機器内部に存在する発振回路からの高周波信号がアンテナに逆流して放射され、付近の無線局に混信等を与える可能性がありますから、これについても規定が存在しています。

1　受信設備の条件

　受信設備の条件は、以下のように定められています。

電波法第 29 条（受信設備の条件）

> 受信設備は、その副次的に発する電波又は高周波電流が、総務省令で定める限度をこえて他の無線設備の機能に支障を与えるものであってはならない。

無線設備規則第 24 条（副次的に発する電波等の限度）より一部抜粋

> 法第 29 条に規定する副次的に発する電波が他の無線設備の機能に支障を与えない限度は、受信空中線と電気的常数の等しい擬似空中線回路を使用して測定した場合に、その回路の電力が 4 ナノワット以下でなければならない。

「電気的常数が等しい」とは、インピーダンスが等しいことを意味します。つまり、測定に使う擬似空中線回路のインピーダンスは、アンテナのそれと等しいものを使用する、ということになります。4 ナノワットなので、相当小さな電力です。

頻出項目をチェック！

1 ☐ 受信設備は、その副次的に発する電波又は高周波電流が、総務省令で定める限度をこえて他の無線設備の機能に支障を与えるものであってはならない。

❗ こんな選択肢は誤り！

受信設備は、その副次的に発する電波又は高周波電流が、総務省令で定める限度をこえて重要無線通信に使用する無線設備の機能に支障を与えるものであってはならない。

正しくは、他の無線設備です。

🖊 練習問題 ≫≫≫

問1 受信設備の条件 令和3年6月期 「法規 午後」問5

次の記述は、受信設備の条件について述べたものである。電波法（第29条）及び無線設備規則（第24条）の規定に照らし、[   ]内に入れるべき最も適切な字句の組合せを下の1から4までのうちから一つ選べ。なお、同じ記号の[   ]内には、同じ字句が入るものとする。

① 受信設備は、その副次的に発する電波又は高周波電流が、総務省令で定める限度を超えて [A] の機能に支障を与えるものであってはならない。

② ①の副次的に発する電波が [A] の機能に支障を与えない限度は、受信空中線と [B] の等しい擬似空中線回路を使用して測定した

場合に、その回路の電力が　C　以下でなければならない。

③　無線設備規則第24条（副次的に発する電波等の限度）第2項以下の規定において、別段の定めがあるものは②にかかわらず、その定めるところによるものとする。

	A	B	C
1	重要無線通信に使用する無線設備	利得及び能率	4ナノワット
2	他の無線設備	電気的常数	4ナノワット
3	重要無線通信に使用する無線設備	電気的常数	4ミリワット
4	他の無線設備	利得及び能率	4ミリワット

解答　2

4ナノワットは知らないと答えられませんが、これを覚えておけば比較的易しい問題です。

問2 電波の質及び受信設備の条件　　　　　　平成30年6月期　「法規　午前」問3

次の記述は、電波の質及び受信設備の条件について述べたものである。電波法（第28条及び第29条）の規定に照らし、□□□内に入れるべき最も適切な字句の組合せを下の1から4までのうちから一つ選べ。

①　送信設備に使用する電波の　A　、　B　電波の質は、総務省令で定めるところに適合するものでなければならない。

②　受信設備は、その副次的に発する電波又は高周波電流が、総務省令で定める限度を超えて他の無線設備の　C　に支障を与えるものであってはならない。

	A	B	C
1	周波数の偏差及び幅	空中線電力の許容偏差等	運用
2	周波数の偏差及び幅	高調波の強度等	機能
3	周波数の偏差	高調波の強度等	運用
4	周波数の偏差	空中線電力の許容偏差等	機能

解答　2

（➡ p.308、p.312参照）

電波の型式の表示

学習のポイント　　　　　　　　　重要度 ★☆☆☆☆

● 電波の型式は、数字やアルファベットを用いた独特の表記方法で表現されます。あまり出題されることはありませんが、出題パターンは少ないため、できれば正解したいものです。

1 電波の型式の表示

電波法施行規則第4条の2（電波の型式の表示）より一部抜粋

電波の主搬送波の変調の型式、主搬送波を変調する信号の性質及び伝送情報の型式は、次の各号に掲げるように分類し、それぞれ当該各号に掲げる記号をもって表示する。

主搬送波の変調の型式を表す記号

主搬送波の変調の型式		記号
(1) 無変調		N
(2) 振幅変調	両側波帯	A
	全搬送波による単側波帯	H
	低減搬送波による単側波帯	R
	抑圧搬送波による単側波帯	J
	独立側波帯	B
	残留側波帯	C
(3) 角度変調	周波数変調	F
	位相変調	G
(4) 同時に、又は一定の順序で振幅変調及び角度変調を行うもの		D

	無変調パルス列		P
	変調パルス列		
	ア 振幅変調		K
	イ 幅変調又は時間変調		L
(5) パルス変調	ウ 位置変調又は位相変調		M
	エ パルスの期間中に搬送波を角度変調するもの		Q
	オ アからエまでの各変調の組合せ又は他の方法によって変調するもの		V
(6) (1) から (5) までに該当しないものであって、同時に、又は一定の順序で振幅変調、角度変調又はパルス変調のうちの 2 以上を組み合わせて行うもの			W
(7) その他のもの			X

2 主搬送波を変調する信号の性質

主搬送波を変調する信号の性質を表す記号

主搬送波を変調する信号の性質		記号
(1) 変調信号のないもの		0
(2) デジタル信号である単一チャネルのもの	変調のための副搬送波を使用しないもの	1
	変調のための副搬送波を使用するもの	2
(3) アナログ信号である単一チャネルのもの		3
(4) デジタル信号である 2 以上のチャネルのもの		7
(5) アナログ信号である 2 以上のチャネルのもの		8
(6) デジタル信号の 1 又は 2 以上のチャネルとアナログ信号の 1 又は 2 以上のチャネルを複合したもの		9
(7) その他のもの		X

Lesson
05

3 伝送情報の型式

伝送情報の型式を表す記号

伝送情報の型式		記号
(1) 無情報		N
(2) 電信	聴覚受信を目的とするもの	A
	自動受信を目的とするもの	B
(3) ファクシミリ		C
(4) データ伝送、遠隔測定又は遠隔指令		D
(5) 電話（音響の放送を含む。）		E
(6) テレビジョン（映像に限る。）		F
(7) (1) から (6) までの型式の組合せのもの		W
(8) その他のもの		X

電波の型式の表示

電波法施行規則第 4 条の 2（電波の型式の表示）より一部抜粋

> 2　この規則その他法に基づく省令、告示等において電波の型式は、前項に
> 規定する主搬送波の変調の型式、主搬送波を変調する信号の性質及び伝
> 送情報の型式を同項に規定する記号をもって、かつ、その順序に従って
> 表記する。

　つまり、「主搬送波の変調の型式」の記号→「主搬送波を変調する信号の性質」
の記号→「伝送情報の型式」の順序で表記される、ということです。（例：「F3C」
周波数変調でアナログ信号である単一チャネルのファクシミリ）

1 ☐ 主搬送波の変調の型式を表す記号として、Jは、振幅変調であって、抑圧搬送波による単側波帯のことである。なお、低減搬送波による単側波帯はRである。

2 ☐ 主搬送波の変調型式を表す記号として、Fは、角度変調であって、周波数変調のことである。なお、位相変調は、Gである。

3 ☐ 主搬送波を変調する信号の性質を表す記号として、1は、デジタル信号である単一チャネルのものであって、変調のための副搬送波を使用しないものである。

4 ☐ 伝送情報の型式を表す記号として、Cはファクシミリであり、Fはテレビジョン（映像に限る。）である。

練習問題

問1 電波の型式　　　　　　　　　　　　令和2年2月期　「法規　午後」問5

次の表の各欄の記述は、それぞれ電波の型式の記号表示と主搬送波の変調の型式、主搬送波を変調する信号の性質及び伝送情報の型式に分類して表す電波の型式を示したものである。電波法施行規則（第4条の2）の規定に照らし、　　　　内に入れるべき最も適切な字句の組合せを下の1から4までのうちから一つ選べ。

電波の型式の記号	電波の型式		
	主搬送波の変調の型式	主搬送波を変調する信号の性質	伝送情報の型式
J8E	A	アナログ信号である2以上のチャネルのもの	電話（音響の放送を含む。）
G1D	角度変調であって、位相変調	B	データ伝送、遠隔測定又は遠隔指令
F3C	角度変調であって、周波数変調	アナログ信号である単一チャネルのもの	C

Lesson 05 電波の型式の表示

	A	B	C
1	振幅変調であって、抑圧搬送波による単側波帯	デジタル信号である単一チャネルのものであって、変調のための副搬送波を使用しないもの	ファクシミリ
2	振幅変調であって、低減搬送波による単側波帯	デジタル信号である単一チャネルのものであって、変調のための副搬送波を使用するもの	ファクシミリ
3	振幅変調であって、低減搬送波による単側波帯	デジタル信号である単一チャネルのものであって、変調のための副搬送波を使用しないもの	テレビジョン（映像に限る。）
4	振幅変調であって、抑圧搬送波による単側波帯	デジタル信号である単一チャネルのものであって、変調のための副搬送波を使用するもの	テレビジョン（映像に限る。）

解答　1

電波法施行規則第4条の2の内容（➡ p.315 ～ p.317 参照）を全部暗記していないと答えられない出題ですが、出題頻度はあまり高くないですから、余裕があれば過去問題の復習ベースで覚えていくとよいでしょう。

Lesson 01　無線従事者の資格・要件

> **学習のポイント**　　　　　　　　　重要度 ★★★★☆
>
> ● 無線従事者の資格や無線従事者免許証の取得方法、汚損・滅失した場合などの再申請方法、そして主任無線従事者の要件等について出題されています。

1　無線従事者

電波法第 41 条（免許） より一部抜粋

> 無線従事者になろうとする者は、総務大臣の免許を受けなければならない。

電波法施行規則第 38 条（備付けを要する業務書類） より一部抜粋

> 10　無線従事者は、その業務に従事しているときは、免許証（法第 39 条又は法第 50 条の規定により船舶局無線従事者証明を要することとされた者については、免許証及び船舶局無線従事者証明書）を携帯していなければならない。

電波法第 79 条（無線従事者の免許の取消し等） より一部抜粋、改変

> 総務大臣は、無線従事者が次の各号の一に該当するときは、その免許を取り消し、又は 3 箇月以内の期間を定めてその業務に従事することを停止することができる。
>
> 一　この法律若しくはこの法律に基づく命令又はこれらに基づく処分に違反したとき。
> 二　不正な手段により免許を受けたとき。
> 三　著しく心身に欠陥があって無線従事者たるに適しない者に該当するに至ったとき。

電波法第 42 条（免許を与えない場合）より一部改変

> 次の各号のいずれかに該当する者に対しては、無線従事者の免許を与えない
> ことができる。
> 　一　電波法第 9 章の罪を犯し罰金以上の刑に処せられ、その執行を終わり、
> 　　　又はその執行を受けることがなくなった日から 2 年を経過しない者
> 　二　電波法第 79 条第 1 項第一号又は第二号の規定により無線従事者の免
> 　　　許を取り消され、取消しの日から 2 年を経過しない者
> 　三　著しく心身に欠陥があって無線従事者たるに適しない者

無線従事者規則第 50 条（免許証の再交付）より一部抜粋

> 無線従事者は、氏名に変更を生じたとき又は免許証を汚し、破り、若しくは
> 失ったために免許証の再交付を受けようとするときは、別表第 11 号様式の
> 申請書に次に掲げる書類を添えて総務大臣又は総合通信局長に提出しなけれ
> ばならない。
> 　一　免許証（免許証を失った場合を除く。）
> 　二　写真 1 枚
> 　三　氏名の変更の事実を証する書類（氏名に変更を生じたときに限る。）

無線従事者規則第 51 条（免許証の返納）より一部抜粋

> 無線従事者は、免許の取消しの処分を受けたときは、その処分を受けた日か
> ら 10 日以内にその免許証を総務大臣又は総合通信局長に返納しなければな
> らない。免許証の再交付を受けた後失った免許証を発見したときも同様とす
> る。
> 　2　無線従事者が死亡し、又は失そうの宣告を受けたときは、戸籍法による
> 　　　死亡又は失そう宣告の届出義務者は、遅滞なく、その免許証を総務大臣
> 　　　又は総合通信局長に返納しなければならない。

1 ☐ 無線従事者は、その業務に従事しているときは、<u>免許証を携帯</u>していなければならない。

2 ☐ <u>総務大臣</u>は、電波法第9章（罰則）の罪を犯し罰金以上の刑に処せられ、その執行を終わり、又はその執行を受けることがなくなった日から<u>2年</u>を経過しない者に対しては、無線従事者の<u>免許を与えない</u>ことができる。

3 ☐ 無線従事者は、免許の取消しの処分を受けたときは、その処分を受けた日から<u>10日以内</u>にその免許証を総務大臣又は総合通信局長に<u>返納</u>しなければならない。

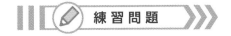

練習問題

| 問1 | 無線従事者の免許等　　　　　　　　　　令和4年2月期「法規 午前」問6 |

無線従事者の免許等に関する次の記述のうち、電波法（第41条及び第42条）、電波法施行規則（第38条）及び無線従事者規則（第51条）の規定に照らし、これらの規定に定めるところに適合しないものはどれか。下の1から4までのうちから一つ選べ。

1　無線従事者になろうとする者は、総務大臣の免許を受けなければならない。

2　総務大臣は、電波法第9章（罰則）の罪を犯し罰金以上の刑に処せられ、その執行を終わり、又はその執行を受けることがなくなった日から2年を経過しない者に対しては、無線従事者の免許を与えないことができる。

3　無線従事者は、その業務に従事しているときは、免許証を携帯していなければならない。

4　無線従事者は、免許証を失ったために免許証の再交付を受けた後失った免許証を発見したときは、1 箇月以内に再交付を受けた免許証を総務大臣又は総合通信局長（沖縄総合通信事務所長を含む。）に返納しなければならない。

解答　4

1 箇月以内ではなく 10 日以内です。また、返納するのは発見した旧免許証です。

問2　無線従事者の免許の取消し等　　令和 3 年 10 月期　「法規　午後」問 9

次の記述は、無線従事者の免許の取消し等について述べたものである。電波法（第 42 条及び第 79 条）及び無線従事者規則（第 51 条）の規定に照らし、☐☐内に入れるべき最も適切な字句の組合せを下の 1 から 4 までのうちから一つ選べ。

① 総務大臣は、無線従事者が電波法若しくは電波法に基づく命令又はこれらに基づく処分に違反したときは、無線従事者の免許を取り消し、又は 3 箇月以内の期間を定めて ☐ A ☐ することができる。

② 無線従事者は、①により無線従事者の免許の取消しの処分を受けたときは、その処分を受けた日から ☐ B ☐ 以内にその免許証を総務大臣または総合通信局長（沖縄総合通信事務所長を含む。）に返納しなければならない。

③ 総務大臣は、①により無線従事者の免許を取り消され、取消しの日から ☐ C ☐ を経過しない者に対しては、無線従事者の免許を与えないことができる。

	A	B	C
1	無線設備の操作の範囲を制限	1 箇月	2 年
2	その業務に従事することを停止	1 箇月	5 年
3	その業務に従事することを停止	10 日	2 年
4	無線設備の操作の範囲を制限	10 日	5 年

解答　3

10 日と 2 年は頻繁に出題される数値です。

無線従事者の資格・要件

Lesson 01

323

Lesson 02　主任無線従事者

1　主任無線従事者制度

電波法第 39 条（無線設備の操作） より一部抜粋、要約

> 無線従事者以外の者は、主任無線従事者の監督を受けなければ、無線局の無
> 線設備の操作を行ってはならない。
>
> 3　主任無線従事者は、無線設備の操作の監督を行うことができる無線従事
> 　　者であって、総務省令で定める事由に該当しないものでなければならな
> 　　い。

電波法施行規則第 34 条の 3（主任無線従事者の非適格事由）

> 法第 39 条第 3 項の総務省令で定める事由は、次のとおりとする。
>
> 一　法第 42 条第一号に該当する者であること。
> 二　法第 79 条第 1 項第一号（同条第 2 項において準用する場合を含む。）
> 　　の規定により業務に従事することを停止され、その処分の期間が終了
> 　　した日から 3 箇月を経過していない者であること。
> 三　主任無線従事者として選任される日以前 5 年間において無線局（無
> 　　線従事者の選任を要する無線局でアマチュア局以外のものに限る。）
> 　　の無線設備の操作又はその監督の業務に従事した期間が 3 箇月に満
> 　　たない者であること。

　則第 34 条の 3 第一号にある、「法第 42 条第一号に該当する者」とは、「電波法

第9章の罪を犯し罰金以上の刑に処せられ、その執行を終わり、又はその執行を受けることがなくなった日から2年を経過しない者」のことです。また、第二号にある「法第79条第1項第一号の規定」とは、「電波法若しくはこの法律に基づく命令又はこれらに基づく処分に違反したとき」のことです。

電波法第39条（無線設備の操作） より一部抜粋

Lesson 02 主任無線従事者

4　無線局の免許人等は、主任無線従事者を選任したときは、遅滞なく、その旨を総務大臣に届け出なければならない。これを解任したときも、同様とする。

5　前項の規定によりその選任の届出がされた主任無線従事者は、無線設備の操作の監督に関し総務省令で定める職務を誠実に行わなければならない。

6　第4項の規定によりその選任の届出がされた主任無線従事者の監督の下に無線設備の操作に従事する者は、当該主任無線従事者が前項の職務を行うため必要であると認めてする指示に従わなければならない。

7　無線局（総務省令で定めるものを除く。）の免許人等は、第4項の規定によりその選任の届出をした主任無線従事者に、総務省令で定める期間ごとに、無線設備の操作の監督に関し総務大臣の行う講習を受けさせなければならない。

2　主任無線従事者の職務

電波法施行規則第34条の5（主任無線従事者の職務） より一部抜粋

法第39条第5項の総務省令で定める職務は、次のとおりとする。

一　主任無線従事者の監督を受けて無線設備の操作を行う者に対する訓練（実習を含む。）の計画を立案し、実施すること。

二　無線設備の機器の点検若しくは保守を行い、又はその監督を行うこと。

三　無線業務日誌その他の書類を作成し、又はその作成を監督すること（記載された事項に関し必要な措置を執ることを含む。）。

四　主任無線従事者の職務を遂行するために必要な事項に関し**免許人等**又は法第70条の9第1項の規定により登録局を運用する当該登録局の登録人以外の者に対して意見を述べること。

五　その他無線局の無線設備の操作の監督に関し必要と認められる事項

3 主任無線従事者講習

電波法施行規則第34条の7（講習の期間） より一部抜粋、要約

主任無線従事者を選任したときは、当該主任無線従事者に選任の日から6箇月以内に無線設備の操作の監督に関し総務大臣の行う講習を受けさせなければならない。

2　前項の講習を受けた主任無線従事者にその講習を受けた日から5年以内に講習を受けさせなければならない。当該講習を受けた日以降についても同様とする。

頻出項目をチェック！

1 □ 無線局の免許人等は、主任無線従事者を選任したときは、遅滞なく、その旨を総務大臣に届け出なければならない。

2 □ 主任無線従事者として選任される日以前5年間において無線局（無線従事者の選任を要する無線局でアマチュア局以外のものに限る。）の無線設備の操作又はその監督の業務に従事した期間が3箇月に満たない者は、主任無線従事者の非適格事由にあたる。

練 習 問 題

問1 主任無線従事者　　　　　　　　　　令和 4 年 6 月期　「法規　午後」問 6

無線局（登録局を除く。）に選任される主任無線従事者に関する次の記述のうち、電波法（第 39 条）の規定に照らし、この規定に定めるところに適合しないものはどれか。下の 1 から 4 までのうちから一つ選べ。

1 主任無線従事者は、電波法第 40 条（無線従事者の資格）の定めるところにより、無線設備の操作の監督を行うことができる無線従事者であって、総務省令で定める事由に該当しないものでなければならない。

2 無線局の免許人は、主任無線従事者を選任しようとするときは、あらかじめ、その旨を総務大臣に届け出なければならない。これを解任しようとするときも、同様とする。

3 無線局の免許人によりその選任の届出がされた主任無線従事者は、無線設備の操作の監督に関し総務省令で定める職務を誠実に行わなければならない。

4 無線局の免許人は、その選任の届出をした主任無線従事者に、総務省令で定める期間ごとに、無線設備の操作の監督に関し総務大臣の行う講習を受けさせなければならない。

解答　2

主任無線従事者は、選任の後に遅滞なく届出です。選任前に届け出る必要はありません。
（➡ p.324 ～ p.325 参照）

次の記述は、主任無線従事者の非適格事由について述べたものである。電波法（第39条）及び電波法施行規則（第34条の3）の規定に照らし、□□□内に入れるべき最も適切な字句の組合せを下の1から4までのうちから一つ選べ。

① 主任無線従事者は、電波法第40条（無線従事者の資格）の定めるところにより、無線設備の操作の監督を行うことができる無線従事者であって、総務省令で定める事由に該当しないものでなければならない。

② ①の総務省令で定める事由は、次の（1）から（3）までに掲げるとおりとする。

(1) 電波法第9章（罰則）の罪を犯し罰金以上の刑に処せられ、その執行を終わり、又はその執行を受けることがなくなった日から □A□ を経過しない者であること。

(2) 電波法第79条（無線従事者の免許の取消し等）第1項第1号の規定により □B□ され、その処分の期間が終了した日から3箇月を経過していない者であること。

(3) 主任無線従事者として選任される日以前5年間において無線局（無線従事者の選任を要する無線局でアマチュア局以外のものに限る。）の無線設備の操作又はその監督の業務に従事した期間が □C□ に満たない者であること。

	A	B	C
1	1年	無線設備の操作の範囲を制限	3箇月
2	2年	無線設備の操作の範囲を制限	6箇月
3	2年	業務に従事することを停止	3箇月
4	1年	業務に従事することを停止	6箇月

解答 3

年数や月数など最初は覚えにくい数値ですが、比較的よく出題されています。一度覚えてしまえば簡単な問題です。（➡ p.320 ～ p.321、p.324 参照）

Lesson 01　無線局の運用

学習のポイント　　　　　　　　　　重要度 ★★★★★

● 落成検査に合格し、無事無線局免許状が発行されたら、電波法その他の法令に従って運用することになります。

1　秘密の保護

電波法第 59 条（秘密の保護）より一部抜粋

> 何人も法律に別段の定めがある場合を除くほか、特定の相手方に対して行われる無線通信を傍受してその存在若しくは内容を漏らし、又はこれを窃用してはならない。

2　無線通信の原則

無線局運用規則第 10 条（無線通信の原則）

> 必要のない無線通信は、これを行ってはならない。
>
> 2　無線通信に使用する用語は、できる限り簡潔でなければならない。
>
> 3　無線通信を行うときは、自局の識別信号を付して、その出所を明らかにしなければならない。
>
> 4　無線通信は、正確に行うものとし、通信上の誤りを知ったときは、直ちに訂正しなければならない。

通信上の誤りは送信終了後ではなく、直ちに訂正しなければなりません。

電波法第 52 条（目的外使用の禁止等）より一部抜粋、要約

無線局は、免許状に記載された目的又は通信の相手方若しくは通信事項の範囲を超えて運用してはならない。ただし、次に掲げる通信については、この限りでない。

一　遭難通信

二　緊急通信

三　安全通信

四　非常通信（地震、台風、洪水、津波、雪害、火災、暴動その他非常の事態が発生し、又は発生するおそれがある場合において、有線通信を利用することができないか又はこれを利用することが著しく困難であるときに人命の救助、災害の救援、交通通信の確保又は秩序の維持のために行われる無線通信をいう。）

五　放送の受信

六　その他総務省令で定める通信

電波法施行規則第 37 条（免許状の目的等にかかわらず運用することができる通信）より一部抜粋、要約

電波法第 52 条第六号に定める「その他総務省令で定める通信」は、次の通りとする。

一　　　無線機器の試験又は調整をするために行う通信

二十四　電波の規正に関する通信

二十五　法第 74 条第 1 項に規定する通信の訓練のために行う通信

法第 74 条第 1 項に規定する通信の訓練とは、非常の場合の無線通信の訓練のことです。（➡ p.334）

電波法第53条より一部抜粋、要約

> 無線局を運用する場合においては、無線設備の設置場所、識別信号、電波の型式及び周波数は、その無線局の**免許状**に記載されたところによらなければならない。ただし、遭難通信については、この限りでない。

電波法第54条

> 無線局を運用する場合においては、**空中線電力**は、次の各号の定めるところによらなければならない。ただし、遭難通信については、この限りでない。
>   一　免許状等に記載されたものの範囲内であること。
>   二　通信を行うため必要最小のものであること。

電波法第55条より一部改変

> 無線局は、免許状に記載された運用許容時間内でなければ、運用してはならない。ただし、遭難通信・緊急通信・安全通信・非常通信・放送の受信・その他総務省令で定める通信を行う場合及び総務省令で定める場合は、この限りでない。

Lesson 01

無線局の運用

4　混信等の防止

電波法第56条（混信等の防止）より一部抜粋、改変

> 無線局は、他の無線局又は電波天文業務の用に供する受信設備その他の総務省令で定める受信設備で総務大臣が指定するものにその運用を阻害するような混信その他の妨害を与えないように運用しなければならない。但し、遭難通信・緊急通信・安全通信・非常通信については、この限りでない。

5 ▶ 擬似空中線回路の使用

電波法第57条（擬似空中線回路の使用）

> 無線局は、次に掲げる場合には、なるべく擬似空中線回路を使用しなければ
> ならない。
>
>   一　無線設備の機器の試験又は調整を行うために運用するとき。
>   二　実験等無線局を運用するとき。

6 ▶ 発射前の措置、呼出しの中止等

無線局運用規則第19条の2（発射前の措置） より一部改変

> 無線局は、相手局を呼び出そうとするときは、電波を発射する前に、受信機
> を最良の感度に調整し、自局の発射しようとする電波の周波数その他必要と
> 認める周波数によって聴守し、他の通信に混信を与えないことを確かめなけ
> ればならない。ただし、遭難通信・緊急通信・安全通信・非常通信を行なう
> 場合並びに他の通信に混信を与えないことが確実である電波により通信を行
> なう場合は、この限りでない。
>
>   2　前項の場合において、他の通信に混信を与えるおそれがあるときは、そ
> 　　の通信が終了した後でなければ呼出しをしてはならない。

無線局運用規則第22条（呼出しの中止）

> 無線局は、自局の呼出しが他の既に行われている通信に混信を与える旨の通
> 知を受けたときは、直ちにその呼出しを中止しなければならない。無線設備
> の機器の試験又は調整のための電波の発射についても同様とする。
>
>   2　前項の通知をする無線局は、その通知をするに際し、分で表わす概略の
> 　　待つべき時間を示すものとする。

無線局運用規則第 39 条（試験電波の発射）より一部抜粋

無線局は、無線機器の試験又は調整のため電波の発射を必要とするときは、発射する前に自局の発射しようとする電波の周波数及びその他必要と認める周波数によって聴守し、他の無線局の通信に混信を与えないことを確かめた後、次の符号を順次送信し、更に 1 分間聴守を行い、他の無線局から停止の請求がない場合に限り、「ＶＶＶ」の連続及び自局の呼出符号 1 回を送信しなければならない。この場合において、「ＶＶＶ」の連続及び自局の呼出符号の送信は、10 秒間をこえてはならない。

　一　ＥＸ　3 回

　二　ＤＥ　1 回

　三　自局の呼出符号　3 回

2　前項の試験又は調整中は、しばしばその電波の周波数により聴守を行い、他の無線局から停止の要求がないかどうかを確かめなければならない。

7 ▶ **無線局の運用の特例**

電波法第 70 条の 7（非常時運用人による無線局の運用）より一部抜粋、要約

無線局の免許人等は、地震、台風、洪水、津波、雪害、火災、暴動その他非常の事態が発生し、又は発生するおそれがある場合において、人命の救助、災害の救援、交通通信の確保又は秩序の維持のために必要な通信を行うときは、当該無線局の免許等が効力を有する間、当該無線局を自己以外の者に運用させることができる。

2　前項の規定により無線局を自己以外の者に運用させた免許人等は、遅滞なく、当該無線局を運用する自己以外の者（以下この条において「非常時運用人」という。）の氏名又は名称、非常時運用人による運用の期間その他の総務省令で定める事項を総務大臣に届け出なければならない。

3　前項に規定する免許人等は、当該無線局の運用が適正に行われるよう、総務省令で定めるところにより、非常時運用人に対し、必要かつ適切な監督を行わなければならない。

Lesson 01

無線局の運用

電波法第74条（非常の場合の無線通信）

> 総務大臣は、地震、台風、洪水、津波、雪害、火災、暴動その他非常の事態が発生し、又は発生するおそれがある場合においては、人命の救助、災害の救援、交通通信の確保又は秩序の維持のために必要な通信を無線局に行わせることができる。
>
> 2　総務大臣が前項の規定により無線局に通信を行わせたときは、国は、その通信に要した実費を弁償しなければならない。

電波法第74条の2（非常の場合の通信体制の整備）

> 総務大臣は、前条第1項に規定する通信の円滑な実施を確保するため必要な体制を整備するため、非常の場合における通信計画の作成、通信訓練の実施その他の必要な措置を講じておかなければならない。
>
> 2　総務大臣は、前項に規定する措置を講じようとするときは、免許人等の協力を求めることができる。

法第74条は、総務大臣が無線局に対して通信を行わせる際の規定です。法第52条（➡ p.330）と混同しないように注意しましょう。

電波法第80条（報告等）より一部改変

> 無線局の免許人等は、次に掲げる場合は、総務省令で定める手続により、総務大臣に報告しなければならない。
>
> 一　遭難通信、緊急通信、安全通信又は非常通信を行ったとき。

> 二　電波法又はこの法律に基づく命令の規定に違反して運用した無線局を認めたとき。
>
> 三　無線局が外国において、あらかじめ総務大臣が告示した以外の運用の制限をされたとき。

電波法施行規則第 42 条の 4（報告）

> 免許人等は、法第 80 条各号の場合は、できる限りすみやかに、文書によって、総務大臣又は総合通信局長に報告しなければならない。この場合において、遭難通信及び緊急通信にあっては、当該通報を発信したとき又は遭難通信を宰領したときに限り、安全通信にあっては、総務大臣が別に告示する簡易な手続により、当該通報の発信に関し、報告するものとする。

電波法第 81 条

> 総務大臣は、無線通信の秩序の維持その他無線局の適正な運用を確保するため必要があると認めるときは、免許人等に対し、無線局に関し報告を求めることができる。

頻出項目をチェック！

1 ☐ 何人も法律に別段の定めがある場合を除くほか、<u>特定の相手方</u>に対して行われる無線通信を傍受してその<u>存在若しくは内容を漏らし</u>、又はこれを<u>窃用</u>してはならない。

2 ☐ 無線通信は、正確に行うものとし、通信上の誤りを知ったときは、<u>直ちに</u><u>訂正</u>しなければならない。

練習問題

問1 秘密の保護　　　　　　　　　　　　　　　令和3年10月期「法規 午後」問8

無線通信 (注) の秘密の保護に関する次の記述のうち、電波法（第59条）の規定に照らし、この規定に定めるところに適合するものはどれか。下の1から4までのうちから一つ選べ。

注　電気通信事業法第4条（秘密の保護）第1項又は第164条（適用除外等）第3項の通信であるものを除く。

1　何人も法律に別段の定めがある場合を除くほか、特定の相手方に対して行われる無線通信を傍受してその存在若しくは内容を漏らし、又はこれを窃用してはならない。

2　何人も法律に別段の定めがある場合を除くほか、特定の相手方に対して行われる暗語による無線通信を傍受してその存在若しくは内容を漏らし、又はこれを窃用してはならない。

3　何人も法律に別段の定めがある場合を除くほか、総務省令で定める周波数を使用して行われる無線通信を傍受してその存在若しくは内容を漏らし、又はこれを窃用してはならない。

4　何人も法律に別段の定めがある場合を除くほか、総務省令で定める周波数を使用して行われる暗語による無線通信を傍受してその存在若しくは内容を漏らし、又はこれを窃用してはならない。

解答　1

秘密の保護は極めて重要な条文です。必ず覚えておきましょう。

秘密を守ることは、すごく（59条）大事です。「……特定の相手方に対して行われる無線通信を傍受してその存在若しくは内容を漏らし、又はこれを窃用してはならない。」の部分はそのまま覚えてしまいましょう。

問2 無線通信の原則　　　　　　　　　　　　令和 4 年 6 月期　「法規　午後」問 7

一般通信方法における無線通信の原則に関する次の記述のうち、無線局運用規則（第 10 条）の規定に照らし、この規定に定めるところに適合するものはどれか。下の 1 から 4 までのうちから一つ選べ。

1　無線通信を行うときは、暗語を使用してはならない。

2　無線通信に使用する用語は、できる限り簡潔でなければならない。

3　無線通信は、試験電波を発射した後でなければ行ってはならない。

4　無線通信は、正確に行うものとし、通信上の誤りを知ったときは、通報の送信終了後一括して訂正しなければならない。

解答　2

無線局運用規則第 10 条に、1 や 3 のような規定はありません。4 は、通信上の誤りを知ったときは、直ちに修正します。（➡ p.329 参照）

> アマチュア局では暗語を使用してはならないと規定されていますが、業務局ではそのような規定はありません。

問3 無線局の運用　　　　　　　　　　　　　令和 4 年 6 月期　「法規　午後」問 8

次の記述は、無線局（登録局を除く。）の運用について述べたものである。電波法（第 52 条及び第 53 条）の規定に照らし、□□□内に入れるべき最も適切な字句の組合せを下の 1 から 4 までのうちから一つ選べ。

①　無線局は、免許状に記載された目的又は　A　の範囲を超えて運用してはならない。ただし、次の（1）から（6）までに掲げる通信については、この限りでない。

（1）遭難通信　　（2）緊急通信　　（3）安全通信　　（4）非常通信

（5）放送の受信　　（6）その他総務省令で定める通信

②　無線局を運用する場合においては、　B　は、その無線局の免許状

に記載されたところによらなければならない。ただし、　C　については、この限りでない。

	A	B	C
1	通信の相手方若しくは通信事項	無線設備の設置場所、識別信号、電波の型式及び周波数	遭難通信
2	通信の相手方若しくは通信事項	識別信号、電波の型式、周波数及び空中線電力	遭難通信、緊急通信、安全通信及び非常通信
3	通信事項	無線設備の設置場所、識別信号、電波の型式及び周波数	遭難通信、緊急通信、安全通信及び非常通信
4	通信事項	識別信号、電波の型式、周波数及び空中線電力	遭難通信

解答 1

慣れないと難易度が高い問題ですが、**空中線電力は免許状に記載された範囲内で必要最小のものにする**ことと、**遭難通信の場合のみに限り**、無線設備の設置場所・識別信号・電波の型式・周波数・空中線電力の全ての制限がないことを押さえておけば間違えることはないでしょう。

問4 報告等　　　　　　　　　　　令和4年6月期 「法規　午後」問9

無線局（登録局を除く。）の免許人の総務大臣への報告等に関する次の記述のうち、電波法（第80条及び第81条）の規定に照らし、これらの規定に定めるところに適合しないものはどれか。下の1から4までのうちから一つ選べ。

　1　免許人は、遭難通信、緊急通信、安全通信又は非常通信を行ったときは、総務省令で定める手続により、総務大臣に報告しなければならない。

　2　免許人は、電波法第74条（非常の場合の無線通信）第1項に規定する通信の訓練のための通信を行ったときは、総務省令で定める手続

により、総務大臣に報告しなければならない。

3　免許人は、電波法又は電波法に基づく命令の規定に違反して運用した無線局を認めたときは、総務省令で定める手続により、総務大臣に報告しなければならない。

4　総務大臣は、無線通信の秩序の維持その他無線局の適正な運用を確保するため必要があると認めるときは、免許人に対し、無線局に関し報告を求めることができる。

解答　2

訓練の通信については、**報告義務はありません**。

問5 空中線電力　　　　　　　　　　令和4年2月期 「法規　午後」問7

次の記述は、無線局（登録局を除く。）を運用する場合の空中線電力について述べたものである。電波法（第54条）の規定に照らし、□□□内に入れるべき最も適切な字句の組合せを下の1から4までのうちから一つ選べ。

無線局を運用する場合においては、空中線電力は、次の（1）及び（2）に定めるところによらなければならない。ただし、□A□については、この限りでない。

(1)　免許状に □B□ であること。
(2)　通信を行うため □C□ であること。

	A	B	C
1	遭難通信	記載されたものの範囲内	必要最小のもの
2	遭難通信	記載されたもの	十分なもの
3	遭難通信、緊急通信、安全通信及び非常通信	記載されたものの範囲内	十分なもの
4	遭難通信、緊急通信、安全通信及び非常通信	記載されたもの	必要最小のもの

解答　1

339

空中線電力は、免許状に記載された範囲内で**必要最小のもの**である必要があります。ただし、**遭難通信**についてのみは、免許状の範囲を逸脱することも許されています。

無線設備の機器の試験又は調整のための無線局の運用に関する次の記述のうち、電波法（第57条）及び無線局運用規則（第22条及び第39条）の規定に照らし、これらの規定に定めるところに適合しないものはどれか。下の1から4までのうちから一つ選べ。

1　無線局は、無線設備の機器の試験又は調整を行うために運用するときは、なるべく擬似空中線回路を使用しなければならない。

2　無線局は、無線設備の機器の試験又は調整のため電波の発射を必要とするときは、発射する前に自局の発射しようとする電波の周波数及びその他必要と認める周波数によって聴守し、他の無線局の通信に混信を与えないことを確かめなければならない。

3　無線局は、無線設備の機器の試験又は調整中は、しばしばその電波の周波数により聴守を行い、他の無線局から停止の要求がないかどうかを確かめなければならない。

4　無線局は、無線設備の機器の試験又は調整のための電波の発射が他の既に行われている通信に混信を与える旨の通知を受けたときは、空中線電力を低減して電波を発射しなければならない。

解答　4

混信を与えている場合、直ちに電波の発射を中止しなければなりません。

問7 非常通信

非常通信に関する次の記述のうち、電波法（第 52 条）の規定に照らし、この規定に定めるところに適合するものはどれか。下の 1 から 4 までのうちから一つ選べ。

1　地震、台風、洪水、津波、雪害、火災、暴動その他非常の事態が発生し、又は発生するおそれがある場合において、有線通信を利用することができないか又はこれを利用することが著しく困難であるときに人命の救助、災害の救援、交通通信の確保又は秩序の維持のために行われる無線通信をいう。

2　地震、台風、洪水、津波、雪害、火災、暴動その他非常の事態が発生した場合において、電気通信業務の通信を利用することができないときに人命の救助、災害の救援、交通通信の確保又は秩序の維持のために行われる無線通信をいう。

3　地震、台風、洪水、津波、雪害、火災、暴動その他非常の事態が発生し、又は発生するおそれがある場合において、人命の救助、災害の救援、交通通信の確保又は秩序の維持のために行われる無線通信をいう。

4　地震、台風、洪水、津波、雪害、火災、暴動その他非常の事態が発生した場合において、人命の救助、災害の救助、交通通信の確保又は秩序の維持のために行われる無線通信をいう。

解答　1

電波法第 52 条と第 74 条は非常に混同しやすい条文です。十分気を付ける必要があります。第 74 条は、総務大臣が無線局に対して通信を行わせる際の規定です。（➡ p.330、p.334 参照）

試験問題では抜粋された条文が提示されるので、混同しやすいですが、電波法の元の条文を比較するとそれほど似てはいません。じっくり条文を読んでみると理解しやすいでしょう。

次の記述は、非常の場合の無線通信について述べたものである。電波法（第74条及び第74条の2）の規定に照らし、　　　内に入れるべき最も適切な字句の組合せを下の1から4までのうちから一つ選べ。

① 総務大臣は、地震、台風、洪水、津波、雪害、火災、暴動その他非常の事態が発生し、又は発生するおそれがある場合においては、人命の救助、災害の救援、　A　の確保又は秩序の維持のために必要な通信を　B　ことができる。

② 総務大臣は、①の通信の円滑な実施を確保するため必要な体制を整備するため、非常の場合における通信計画の作成、通信訓練の実施その他の必要な措置を講じておかなければならない。

③ 総務大臣は、②の措置を講じようとするときは、　C　の協力を求めることができる。

	A	B	C
1	交通通信	電気通信事業者に要請する	無線従事者
2	電力の供給	電気通信事業者に要請する	免許人又は登録人
3	電力の供給	無線局に行わせる	無線従事者
4	交通通信	無線局に行わせる	免許人又は登録人

解答 4

法第52条との差異を正しく把握しておきましょう。

（➡ p.330、p.334 参照）

インターネットで「電波法」で検索して条文を良く読んでみるのも一つの手です。

Lesson
02

無線局の検査・周波数等の変更命令等

学習のポイント　　　　　　　　　重要度 ★★★★☆

● 無線局は、原則として定期検査が行われるほか、場合によっては周波数などの変更命令が行われることもあります。その際の規定について出題されることがあります。

1 周波数の変更等

電波法第71条（周波数等の変更）より一部抜粋

> 総務大臣は、電波の規整その他公益上必要があるときは、無線局の目的の遂行に支障を及ぼさない範囲内に限り、当該無線局（登録局を除く。）の周波数若しくは空中線電力の指定を変更し、又は登録局の周波数若しくは空中線電力若しくは人工衛星局の無線設備の設置場所の変更を命ずることができる。
>
> 6　第1項の規定により、人工衛星局の無線設備の設置場所の変更の命令を受けた免許人は、その命令に係る措置を講じたときは、速やかに、その旨を総務大臣に報告しなければならない。

なお、人工衛星局については、法第36条の2にその条件が定められています。

電波法第36条の2（人工衛星局の条件）

> 人工衛星局の無線設備は、遠隔操作により電波の発射を直ちに停止することのできるものでなければならない。
>
> 2　人工衛星局は、その無線設備の設置場所を遠隔操作により変更することができるものでなければならない。ただし、総務省令で定める人工衛星局については、この限りでない。

電波法第73条（検査）より一部抜粋、要約

総務大臣は、**総務省令で定める時期**ごとに、あらかじめ通知する期日に、その職員を無線局に派遣し、その無線設備等を検査させる。ただし、当該無線局の発射する電波の質又は空中線電力に係る無線設備の事項以外の事項の検査を行う必要がないと認める無線局については、その無線局に電波の発射を命じて、その発射する電波の質又は空中線電力の検査を行う。

2　前項の検査は、当該無線局についてその検査を同項の総務省令で定める時期に行う必要がないと認める場合は、その**時期を延期**し、又は**省略**することができる。

3　第1項の検査は、当該無線局の免許人から、総務大臣が通知した期日の**1月前**までに、当該無線局の無線設備等について、**登録検査等事業者**が総務省令で定めるところにより、**当該登録に係る検査**を行い、当該無線局の無線設備がその工事設計に合致しており、かつ、その無線従事者の資格及び員数、時計及び書類が規定にそれぞれ違反していない旨を記載した証明書の提出があったときは、第1項の規定にかかわらず、**省略**することができる。

4　第1項の検査は、当該無線局の免許人から、同項の規定により総務大臣が通知した期日の1箇月前までに、当該無線局の無線設備等について**登録検査等事業者又は登録外国点検事業者**の登録を受けた者が総務省令で定めるところにより行った当該登録に係る点検の結果を記載した書類の提出があったときは、第1項の規定にかかわらず、その**一部を省略**することができる。

5　総務大臣は、第71条の5の**無線設備の修理**その他の必要な措置をとるべきことを命じたとき、第72条第1項の電波の発射の停止を命じたとき、第72条第2項の申出があったとき、無線局のある船舶又は航空機が外国へ出港しようとするとき、その他この法律の施行を確保するため特に**必要があるとき**は、その職員を無線局に派遣し、その無線設備等を検査させることができる。

法第 71 条の 5、法第 72 条については ➡ p.309 に戻って確認しましょう。

法第 71 条の 5、法第 72 条については ➡ p.309 に戻って確認しましょう。

3　**免許等を要しない無線局、無線設備**

　免許不要で使える簡易無線装置などであっても、装置の故障などによってその電波が他の無線設備等に妨害を与える可能性があります。このような場合に対する規定が定められています。

電波法第 82 条（免許等を要しない無線局及び受信設備に対する監督）より一部抜粋

> 　総務大臣は、第 4 条第一号から第三号までに掲げる無線局（以下「免許等を要しない無線局」という。）の無線設備の発する電波又は受信設備が副次的に発する電波若しくは高周波電流が他の無線設備の機能に継続的かつ重大な障害を与えるときは、その設備の所有者又は占有者に対し、その障害を除去するために必要な措置をとるべきことを命ずることができる。
>
> 2　総務大臣は、免許等を要しない無線局の無線設備について又は放送の受信を目的とする受信設備以外の受信設備について前項の措置をとるべきことを命じた場合において特に必要があると認めるときは、その職員を当該設備のある場所に派遣し、その設備を検査させることができる。

✔ 頻出項目をチェック！

1 ☐　総務大臣は、総務省令で定める時期ごとに、あらかじめ通知する期日に、その職員を無線局に派遣し、その無線設備等を検査させる。

2 ☐　人工衛星局の無線設備は、遠隔操作により電波の発射を直ちに停止することのできるものでなければならない。

練習問題

問1 周波数等の変更命令

令和4年2月期 「法規 午前」問10

次の記述は、総務大臣が行う無線局（登録局を除く。）に対する周波数等の変更命令について述べたものである。電波法（第71条）の規定に照らし、 内に入れるべき最も適切な字句の組合せを下の1から4までのうちから一つ選べ。

総務大臣は、 A 必要があるときは、無線局の B に支障を及ぼさない範囲内に限り、当該無線局の C の指定を変更し、又は人工衛星局の無線設備の設置場所の変更を命ずることができる。

	A	B	C
1	混信の除去その他特に	運用	周波数若しくは空中線電力
2	電波の規整その他公益上	目的の遂行	周波数若しくは空中線電力
3	混信の除去その他特に	目的の遂行	電波の型式若しくは周波数
4	電波の規整その他公益上	運用	電波の型式若しくは周波数

解答 2

(➡ p.343 参照)

問2 周波数等の変更命令

令和3年2月期 「法規 午前」問10

総務大臣が行う無線局（登録局を除く。）の周波数等の変更の命令に関する次の記述のうち、電波法（第71条）の規定に照らし、この規定に定めるところに適合するものはどれか。下の1から4までのうちから一つ選べ。

1 総務大臣は、電波の規整その他公益上必要があるときは、無線局の目的の遂行に支障を及ぼさない範囲内に限り、当該無線局の周波数

346

　　若しくは空中線電力の指定を変更し、又は人工衛星局の無線設備の
　　設置場所の変更を命ずることができる。

2　総務大臣は、混信の除去その他特に必要があると認めるときは、無
　　線局の運用に支障を及ぼさない範囲内に限り、当該無線局の周波数
　　若しくは空中線電力の指定を変更し、又は無線局の無線設備の設置
　　場所の変更を命ずることができる。

3　総務大臣は、無線局が他の無線局に混信その他の妨害を与えている
　　と認めるときは、当該無線局の電波の型式、周波数又は空中線電力
　　の指定を変更することができる。

4　総務大臣は、電波の能率的な利用の確保その他特に必要があると認
　　めるときは、当該無線局の電波の型式又は周波数の指定を変更する
　　ことができる。

解答　1

（➡ p.343 参照）

（➡ p.343 参照）

問3 **固定局の検査**　　　　　　　令和3年2月期 「法規　午前」問9

次の記述は、固定局の検査について述べたものである。電波法（第73条）の規
定に照らし、　　内に入れるべき最も適切な字句の組合せを下の1から4まで
のうちから一つ選べ。

① 　総務大臣は、　A　 、あらかじめ通知する期日に、その職員を無線
　　局（総務省令で定めるものを除く。）に派遣し、その無線設備等（無
　　線設備、無線従事者の資格（主任無線従事者の要件に係るものを含
　　む。）及び員数並びに時計及び書類をいう。以下同じ。）を検査させる。

② 　①の検査は、当該無線局（注1）の免許人から、①により総務大臣が
　　通知した期日の　B　 前までに、当該無線局の無線設備等につい
　　て登録検査等事業者（注2）（無線設備等の点検の事業のみを行う者
　　を除く。）が、総務省令で定めるところにより、当該登録に係る検
　　査を行い、当該無線局の無線設備がその工事設計に合致しており、
　　かつ、その無線従事者の資格及び員数並びに時計及び書類が電波法

の関係規定にそれぞれ違反していない旨を記載した証明書の提出が
あったときは、①にかかわらず、　C　することができる。

	A	B	C
1	総務省令で定める時期ごとに	3月	一部を省略
2	毎年1回	1月	一部を省略
3	総務省令で定める時期ごとに	1月	省略
4	毎年1回	3月	省略

解答　3

（➡ p.344 参照）

固定局の検査は、「登録検査等事業者」による「検査」を受けること
で省略が可能です。

問4 職員の派遣、検査等　　　　令和3年10月期　「法規　午前」問9

次の記述は、総務大臣がその職員を無線局（登録局を除く。）に派遣し、その無
線設備等（注）を検査させることができる場合について述べたものである。電波
法（第73条）の規定に照らし、　　　　内に入れるべき最も適切な字句の組合せ
を下の1から4までのうちから一つ選べ。なお、同じ記号の　　　　内には、同
じ字句が入るものとする。

注　無線設備、無線従事者の資格及び員数並びに時計及び書類をいう。

総務大臣は、次の（1）から（4）までに掲げる場合は、その職員を無線局に派遣
し、その無線設備等を検査させることができる。

（1）総務大臣が電波法第71条の5の規定により無線設備が電波法第3
　　　章（無線設備）に定める技術基準に適合していないと認め、当該無
　　　線設備を使用する無線局の免許人に対し、　A　その他の必要な措
　　　置を執るべきことを命じたとき。

(2) 総務大臣が電波法第72条第1項の規定により無線局の発射する　　B　　が電波法第28条の総務省令で定めるものに適合していないと認め、当該無線局に対して　　C　　電波の発射の停止を命じたとき。

(3) 総務大臣が（2）の命令を受けた無線局からその発射する　　B　　が電波法第28条の総務省令の定めるものに適合するに至った旨の申出を受けたとき。

(4) 電波法の施行を確保するため特に必要があるとき。

Lesson 02 無線局の検査・周波数等の変更命令等

	A	B	C
1	その技術基準に適合するように当該無線設備の修理	電波の強度	3月以内の期間を定めて
2	当該無線設備の使用の禁止	電波の質	3月以内の期間を定めて
3	その技術基準に適合するように当該無線設備の修理	電波の質	臨時に
4	当該無線設備の使用の禁止	電波の強度	臨時に

解答　3

（➡ p.309、p.344 参照）

問5 免許等を要しない無線局等　　　　令和2年10月期 「法規 午前」問11

次の記述は、免許等を要しない無線局（注）及び受信設備に対する監督について述べたものである。電波法（第82条）の規定に照らし、　　　　内に入れるべき最も適切な字句の組合せを下の1から4までのうちから一つ選べ。

注　電波法第4条（無線局の開設）第1号から第3号までに掲げる無線局をいう。

① 総務大臣は、免許等を要しない無線局の無線設備の発する電波又は受信設備が副次的に発する電波若しくは高周波電流が　　A　　の機能に継続的かつ重大な障害を与えるときは、その設備の所有者又は占有者に対し、その障害を除去するために　　B　　を命ずることが

できる。

② 総務大臣は、免許等を要しない無線局の無線設備について又は放送の受信を目的とする受信設備以外の受信設備について①の措置を執るべきことを命じた場合において特に必要があると認めるときは、　C　ことができる。

	A	B	C
1	電気通信業務の用に供する無線局の無線設備	設備の使用を中止する措置を執るべきこと	その職員を当該設備のある場所に派遣し、その設備を検査させる
2	他の無線設備	設備の使用を中止する措置を執るべきこと	その事実及び措置の内容を記載した書面の提出を求める
3	他の無線設備	必要な措置を執るべきこと	その職員を当該設備のある場所に派遣し、その設備を検査させる
4	電気通信業務の用に供する無線局の無線設備	必要な措置を執るべきこと	その事実及び措置の内容を記載した書面の提出を求める

解答 3

選択肢2や4のように、総務大臣が書面の提出を求めるといった規定はありません。

（➡ p.345 参照）

一陸特の国家試験では、法規は12問しか出題されないため、4問までしかミスは許されません。したがって、甘く見ていると法規で落としてしまうことになります。

しかし、出題される条文自体の数はそれほど多くないので、過去問題をよく復習することにより合格は容易になります。ぜひ一発合格を目指しましょう。

いちばんわかりやすい！

第一級陸上特殊無線技士　合格テキスト

模擬試験問題

試験時間：3 時間

模擬試験　問題

‖ 無線工学 ‖

問題数：24 問　配点：1 問 5 点　満点：120 点（合格点 75 点）

問 1

次の記述は、静止衛星について述べたものである。このうち正しいものを下の番号から選べ。

1　静止衛星の自転周期は、地球の自転周期と同じ 24 時間である。
2　静止衛星の軌道は子午線上空にあり、ほぼ円軌道である。
3　冬至及び夏至の頃の一定期間において、衛星食が発生するため、内部に二次電池を搭載している。
4　地球からのアップリンクよりも地球へのダウンリンクの方が一般に低い周波数を用いている。

問 2

次の記述は、直接拡散（DS）を用いた符号分割多重（CDM）伝送方式の特徴について述べたものである。このうち正しいものを下の番号から選べ。

1　拡散に用いられる符号として、主に三角関数が用いられる。
2　デジタル通信方式には用いられず、主にアナログ通信方式に使用されている。
3　情報を広帯域に拡散することで平均電力スペクトル密度が小さくなり、秘匿性が高くなる。
4　送信時に混入した狭帯域の雑音は信号処理で拡散されるため、狭帯域の妨害波に強い。

問3

図に示す抵抗 R_1、R_2 および R_3 の回路において、R_3 で消費される電力は何〔W〕か。

1　2.4〔W〕
2　4.8〔W〕
3　7.2〔W〕
4　9.6〔W〕
5　12.0〔W〕

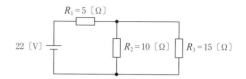

22〔V〕　$R_1 = 5$〔Ω〕　$R_2 = 10$〔Ω〕　$R_3 = 15$〔Ω〕

問4

次の記述は、デシベルを用いた計算について述べたものである。このうち正しいものを次の番号から選べ。

1　出力電圧が入力電圧の100倍になる増幅回路の電圧利得は20〔dB〕である。

2　出力電流が入力電流の1/20になる減衰回路の電流利得は−26〔dB〕である。

3　出力電力が入力電力の500倍になる増幅回路の電力利得は37〔dB〕である。

4　1〔V/m〕を0〔dBV/m〕としたとき、10〔mV/m〕の電界強度は20〔dBV/m〕である。

5　1〔mW〕を0〔dBm〕としたとき、100〔μW〕は−20〔dBm〕である。

問5

アナログ信号を標本化するさい、標本化周波数を44〔kHz〕とした。このとき、忠実に再現することが可能なアナログ信号の最高周波数として正しいものを次から選べ。

1　4.4〔kHz〕
2　8.8〔kHz〕
3　11〔kHz〕
4　22〔kHz〕
5　44〔kHz〕

問6

エサキダイオードに関する記述として正しいものはどれか。次の番号から選べ。

1 逆方向バイアスを与えて用い、一定の電圧を得るためのものである。
2 逆方向バイアスを与えて用い、等価的に可変静電容量を得るためのものである。
3 順方向バイアスを与えて用い、負性抵抗特性を利用して発振等を行うものである。
4 順方向バイアスを与えて用い、交流から直流を得る整流素子として用いるものである。
5 順方向バイアスを与えて用い、PN接合部分での発光現象を利用して照明等に用いるものである。

問7

グレイコードによるQPSKの信号空間ダイアグラムの説明として、誤っているものを下の番号から選べ。

1 横軸に直交軸（I軸）、縦軸に同相軸（Q軸）を取り、その組み合わせを平面にプロットしたものである。
2 I軸・Q軸の組み合わせは4点存在し、それぞれを二進数の「00」「01」「10」「11」に割り当てている。
3 隣り合う変調点の間で変化するビットは常に1ビットになるよう値が定義されている。
4 I軸・Q軸上に変調点が存在すると急激なキャリア変動が生じるため、45度・135度・225度・315度の4点を変調点に取っている。

問8

図は2相PSK（BPSK）信号に対して同期検波を適用する復調器の原理的構成例である。この回路の説明として誤っているものを下の番号から選べ。

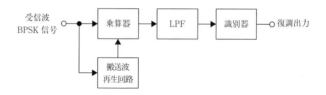

1　搬送波再生回路は、受信信号から送信回路内に存在するものと同じ搬送波信号を作り出す回路である。

2　乗算器は、受信波と搬送波の足し算を行う回路である。

3　LPFは、乗算器からの出力信号のうち高い周波数成分を取り除き、ベースバンド信号を取り出している。

4　識別器は、LPFの出力波形を整形し、きれいなデジタル信号を作り出す回路である。

5　遅延検波に比べて回路が複雑になるが、対雑音性能は良好である。

問9

次の記述は、ダイバーシティ方式について述べたものである。このうち誤っているものを下の番号から選べ。

1　周波数ダイバーシティとは、周波数帯によりフェージングの影響が異なることを利用して、二つの異なる周波数を用いて別々の情報を伝送するものである。

2　偏波ダイバーシティとは、伝搬途中で偏波面が様々に変化した信号に対応するため、水平偏波と垂直偏波の両方で受信した信号のうち良好な方を選択または合成するものである。

3　ルートダイバーシティとは、波長に対して十分遠く離した複数の伝送路を設定し、伝搬状況に応じて好ましい方を選択する方式である。

4　ダイバーシティ方式を用いることにより、フェージング等で発生する信号劣化による伝搬エラーを低減化することができる。

問10

次の記述は、衛星通信に用いられる VSAT システムについて述べたものである。このうち誤っているものを下の番号から選べ。

1　VSAT システムは、一般に中継装置を持つ宇宙局、回線制御や監視、地上回線との接続機能を持つ制御地球局（親局）、地球上に散在する VSAT 地球局（子局）によって構成されている。

2　地球上から宇宙局（通信衛星）に向けてのダウンリンクは 12GHz 帯などの低い周波数、宇宙局から地球上に向けてのアップリンクは 14GHz 帯などの高い周波数を利用している。

3　VSAT 地球局は小型軽量の装置であるが、急激に進行方向が変化する自動車や鉄道に搭載して使用することはできず、山岳地域や船舶などで主に利用されている。

4　VSAT 制御地球局（親局）は、一般に大型のパラボラアンテナ、VSAT 地球局（子局）は小型のオフセットパラボラアンテナを使用している。

問11

パルスレーダーにおいて、パルス波が発射されてから物標反射波が受信されるまでの時間が 30〔μs〕であった。この時の物標までの距離として、最も近いものを下の番号から選べ。

1　3,000〔m〕

2　4,500〔m〕

3　6,000〔m〕

4　9,000〔m〕

5　15,000〔m〕

問12

マイクロ波多重回線の中継方式の名称とその解説について、誤っているものを下の番号から選べ。

1　再生中継方式：受信したマイクロ波をいったん復調してベースバン

ド信号に戻し、波形整形などを行ってから再度マイクロ波として送信するもの。

2　ヘテロダイン中継方式：受信したマイクロ波をいったん中間周波数信号に戻し、増幅などを行ってから再度マイクロ波として送信するもの。

3　無給電中継方式：外部からの電源を必要としない太陽電池や風力発電などの電源を利用して信号を中継増幅して送信するもの。

4　直接中継方式：受信したマイクロ波をそのまま増幅し、送信用アンテナから送信するもの。

問13

ドップラーレーダーの一般的な性質について、誤っているものを下の番号から選べ。

1　アンテナから一定の周波数の連続波を送信し、物標反射波と送信波との周波数差を利用するものである。

2　自動車用速度計測装置や気象観測用に用いられている。

3　主に UHF 帯の周波数の電波が利用される。

4　物標が近づいている場合、物標反射波の周波数は送信周波数よりも高く観測される。

問14

次の記述は、図に示す T 形分岐導波管について述べたものである。このうち誤っているものを下の番号から選べ。ただし、導波管内を伝搬する電磁波は TE_{10} モードとする。

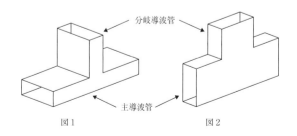

分岐導波管

主導波管

図1　　　　図2

1 図1に示す導波管において、分岐導波管から入力された電磁波は主導波管の左右に同振幅・逆位相で分配される。

2 図2に示す導波管において、分岐導波管から入力された電磁波は主導波管の左右に同振幅・同位相で分配される。

3 図1に示す導波管はE面分岐とも呼ばれている。

4 図2に示す導波管は直列分岐とも呼ばれている。

問15

衛星通信における周波数分割多元接続（FDMA）の一般的な性質について述べた次の記述のうち、誤っているものを下の番号から選べ。

1 多数の局が別々の搬送周波数で通信を行い、周波数軸上で複数の局が使用する周波数帯域を分割して使用する方式である。

2 隣接する帯域どうしの干渉を避けるため、ガードバンドを設けている。

3 周波数利用効率が高いため短波帯や超短波帯で広く用いられ、マイクロ波帯では用いられない。

4 中継増幅回路の非直線性に起因する歪みによって不要な周波数成分が発生し、複数の局が通信に悪影響を受けることがある。

問16

次の記述は、パルスレーダーの動作原理等について述べたものである。このうち正しいものを下の番号から選べ。

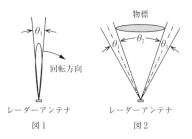

1 図1は、レーダーアンテナを上から見た水平面内指向性を表したもので、ビーム角 θ_1 が小さいほど距離分解能が高くなる。

2　図2に示す物標の観測において、RHI 表示画面上に輝点として表示される角度は、ほぼ $\theta_2 + \theta_1$ である。

3　一般に、パルス繰り返し周波数が低いほど、アンテナの回転速度を低くする必要がある。

4　送信パルス幅を狭くすれば、遠方の物標をより際立って観測することができる。

問 17

次の記述は、同軸線路の反射について述べたものである。このうち誤っているものを下の番号から選べ。

1　50 Ω系の同軸ケーブルと 75 Ω系の同軸ケーブルを直接接続すると、接続点において反射が発生し伝送効率が低下する。

2　特性インピーダンスが異なる同軸ケーブル同士を接続する場合、間にコンデンサを挿入することでインピーダンス整合を行うことができる。

3　同軸ケーブルと平衡伝送路を直結した場合、両者の特性インピーダンスが同一であっても不整合によるミスマッチングが発生する。

4　同軸線路上に反射波が存在しない場合、VSWR の値は 1 となる。

問 18

次の記述は、垂直偏波用アンテナとして使用する一般的なコーリニアアレイアンテナについて述べたものである。このうち正しいものを下の番号から選べ。

1　垂直面内の指向性は無指向性である。

2　同じ送信電力で送信した場合、ブラウンアンテナに比べ、受信点での電界強度を強くすることができる。

3　主にマイクロ波帯用アンテナとして用いられ、パラボラアンテナの一次放射器としても用いられている。

4　多くの素子を積み重ねるほど広帯域特性を得ることができる。

問 19

次の記述は、スーパヘテロダイン受信機の特性について述べたものである。このうち誤っているものを下の番号から選べ。

1 受信周波数をいったん中間周波数に変換することで、良好な特性のフィルタや増幅回路を使用することができ、受信特性を大きく改善することができる。

2 混合回路の特性によって、目的周波数に対して中間周波数だけ上もしくは下の周波数の信号も受信されてしまう性質を持っている。これをイメージ受信という。

3 局部発振回路に PLL 方式を用いることにより、受信周波数の変動を抑えることができ、安定した受信が可能である。

4 相互変調による混信妨害は、高周波増幅回路の入出力特性が非線形になっている部分で発生する。

問 20

次の記述は、スポラジック E 層について述べたものである。このうち正しいものを下の番号から選べ。

1 スポラジック E 層は、我が国では、夏季の日中にのみ発生する。

2 スポラジック E 層の電子密度は、E 層より小さい。

3 通常 E 層を突き抜けてしまう極超短波 (UHF) 帯の電波がスポラジック E 層で反射され、遠方まで伝搬することがある。

4 スポラジック E 層の高さは、E 層とほぼ同じ高さである。

問 21

次の記述は、鉛蓄電池などについて述べたものである。このうち誤っているものを下の番号から選べ。

1 正極に二酸化鉛、負極に鉛、電解液に希硫酸を用いている。

2 1 セル当たりの起電力は約 2〔V〕であり、3 セルもしくは 6 セルを直列にした 6〔V〕や 12〔V〕の製品が多く流通している。

3 使い切ったら充電することで再使用できる二次電池のひとつである。

4　定電圧充電が可能であることから、負荷と直列に接続して使用する
無停電電源装置としての用途に適しているため、無停電電源装置の
バックアップ用電池として多く用いられている。

問 22

次の記述は、等価地球半径について述べたものである。このうち誤ったものを下
の番号から選べ。ただし、大気は標準的な状態であるとする。

1　等価地球半径は、実際の地球の半径を 4/3 倍した値である。
2　電波は地表に沿って若干曲がりながら伝搬するが、これが仮に直進
すると考えた場合、地球の大きさがどのように見えるかを求めた値
である。
3　電波が地表に沿って曲がって伝搬するのは、地表に近いほど大気の
屈折率が小さくなることが原因である。
4　等価地球半径を用いると、二地点間の電波の見通し距離などを計算
する場合において、計算式が簡便で済むという利点がある。

問 23

次の記述は、一般的な周波数カウンタについて述べたものである。このうち誤っ
ているものを下の番号から選べ。

1　被測定信号をパルス波に整形した後、極めて正確な一定のタイミン
グだけ開くゲート回路を通過したパルス波の数を計測し、その計測
されたパルス数を表示している。
2　非常に高い周波数をカウントする場合、入力された信号の周波数を
$1/N$ に分周する回路を挿入するなどの工夫をすることで計測可能
としている。
3　±1 カウント誤差は、ゲート回路を開くタイミングによって生じる
もので、トリガー回路の調整によって補正することができる。
4　タイミング信号を生成する回路として、TCXO や OCXO などの極
めて安定した周波数を生成することができる回路を用いることもあ
る。

問 24

最大指示値が 1〔mA〕で内部抵抗が 90〔Ω〕の電流計に、10〔Ω〕の分流器を接続した場合、最大指示値の値として正しいものを下の番号から選べ。

1　9〔mA〕
2　10〔mA〕
3　90〔mA〕
4　100〔mA〕

‖ 法規 ‖

問題数：12 問　配点：1 問 5 点　満点：60 点（合格点 40 点）

問 1

次の記述は、電波法に規定する用語の定義を述べたものである。電波法（第 2 条）の規定に照らし、誤っているものを下の 1 から 4 までのうちから一つ選べ。

1　「電波」とは、300 万メガヘルツ以下の周波数の電磁波をいう。
2　「無線電話」とは、電波を利用して、音声その他の音響を送り、又は受けるための電気的設備をいう。
3　「無線局」とは、無線設備及び無線設備の操作を行う者の総体をいう。但し、受信のみを目的とするものを含まない。
4　「無線従事者」とは、無線設備の操作又はその監督を行う者であって、総務大臣の免許を受けたものをいう。

問 2

無線局または無線局免許状についての規定のうち、電波法（第 21 条〜第 24 条）の規定に照らして誤っているものを下の 1 から 4 のうちから一つ選べ。

1　免許人は、免許状に記載した事項に変更を生じたときは、その免許状を総務大臣に提出し、訂正を受けなければならない。
2　免許人は、その無線局を廃止するときは、その旨を総務大臣に届け出なければならない。
3　免許人が無線局を廃止したときは、無線従事者免許証は、その効力

を失う。

4　免許がその効力を失ったときは、免許人であった者は、一箇月以内
　　にその免許状を返納しなければならない。

問3

次の記述は、非常の場合の無線通信について述べたものである。電波法(第74条)の規定に照らし、□□□内に入れるべき最も適切な字句の組み合わせを下の1から4のうちから一つ選べ。

(1)　総務大臣は、地震、台風、洪水、津波、雪害、火災、暴動その
　　　他　A　が発生し、又は発生するおそれがある場合においては、
　　　B　、交通通信の確保又は秩序の維持のために必要な通信を無線
　　　局に行わせることができる。

(2)　総務大臣が前項の規定により無線局に通信を行わせたときは、国は、
　　　その通信に　C　しなければならない。

	A	B	C
1	非常の事態もしくは緊急事態	人命の救助、災害の救援	必要な人員を派遣
2	非常の事態	人命の救助、災害の取材	必要な人員を派遣
3	非常の事態	人命の救助、災害の救援	要した実費を弁償
4	非常の事態もしくは緊急事態	人命の救助、災害の取材	要した実費を弁償

模擬試験　問題

363

問 4

無線局がなるべく擬似空中線回路を使用しなければならない場合に関する次の事項のうち、電波法（第57条）の規定に照らし、この規定に定めるところに該当するものはどれか。下の1から4のうちから一つ選べ。

1 送信機の出力を測定するとき。
2 実験等無線局を運用するとき。
3 免許状に規定された範囲外の周波数で運用しようとするとき。
4 受信装置の機器の試験または調整を行うために運用するとき。

問 5

次の記述は、無線従事者の免許証の再交付について述べたものである。無線従事者規則（第50条）の規定に照らし、誤っているものを下の1から4のうちから一つ選べ。

1 免許証を失ったために再交付を受けようとするときは、申請書のほかに写真1枚を提出しなければならない。
2 氏名に変更を生じたために再交付を受けようとするときは、申請書のほかに写真1枚と氏名の変更の事実を証する書類を提出しなければならない。
3 免許証を汚したために再交付を受けようとするときは、申請書のほかに免許証と写真1枚を提出しなければならない。
4 免許証を破ったために再交付を受けようとするときは、申請書のほかに写真1枚を提出しなければならない。

問 6

次の記述は、周波数の安定のための条件について述べたものである。無線設備規則（第15条および第16条）の規定に照らし、誤っているものを下の1から4のうちから一つ選べ。

1 水晶発振回路に使用する水晶発振子は、周波数をその許容偏差内に維持するため、発振周波数が当該送信装置の水晶発振回路により又はこれと同一の条件の回路によりあらかじめ試験を行って決定され

ているものであること。

2　周波数をその許容偏差内に維持するため、発振回路の方式は、できる限り外囲の温度若しくは湿度の変化によって影響を受けないものでなければならない。

3　周波数をその許容偏差内に維持するため、送信装置は、できる限り電源電圧又は負荷の変化によって発振周波数に影響を与えないものでなければならない。

4　移動局の送信装置は、実際上起り得る振動又は温度変化によっても周波数をその許容偏差内に維持するものでなければならない。

問7

空中線電力の定義を述べた次の記述のうち、電波法施行規則（第2条）の規定に照らし、この規定に定めるところに適合するものはどれか。下の1から4のうちから一つ選べ。

1　「平均電力」とは、通常の動作中の送信機から空中線系の給電線に供給される電力であって、変調において用いられる最高周波数の周期に比較して十分長い時間（通常、平均の電力が最大である約十分の一秒間）にわたって平均されたものをいう。

2　「搬送波電力」とは、変調状態における無線周波数1サイクルの間に送信機から空中線系の給電線に供給される平均の電力をいう。ただし、この定義は、パルス変調の発射には適用しない。

3　「実効輻射電力」とは、空中線に供給される電力に、与えられた方向における空中線の絶対利得を乗じたものをいう。

4　「等価等方輻射電力」とは、空中線に供給される電力に、与えられた方向における空中線の絶対利得を乗じたものをいう。

問8

無線局は、無線設備の試験または調整のための電波の発射が他の既に行われている通信に混信を与える旨の通知を受けたときは、どのようにしなければならないか。無線局運用規則（第22条）の規定に照らし、正しいものを下の1から4のうちから一つ選べ。

1 直ちに周波数を変更しなければならない。
2 直ちに擬似空中線回路に接続を切り替えなければならない。
3 直ちにその発射を中止しなければならない。
4 直ちに試験終了の予定時間を通知しなければならない。

問9

無線局は、相手局を呼び出そうとするときは、どのようにしなければならないか。無線局運用規則（第19条の2）の規定に照らし、正しいものを下の1から4のうちから一つ選べ。

1 送信機を最大電力に調整し、自局の発射しようとする電波の周波数その他必要と認める周波数によって聴守し、他の通信に混信を与えないことを確かめなければならない。
2 空中線の指向性を相手局の方角に調整し、自局の発射しようとする電波の周波数その他必要と認める周波数によって聴守し、他の通信に混信を与えないことを確かめなければならない。
3 受信機を最良の感度に調整し、自局の発射しようとする電波の周波数その他必要と認める周波数によって聴守し、他の通信に混信を与えないことを確かめなければならない。
4 低周波回路の増幅度を最良の変調度に調整し、自局の発射しようとする電波の周波数その他必要と認める周波数によって聴守し、他の通信に混信を与えないことを確かめなければならない。

問10

無線局の免許人または登録人が、総務省令で定める手続きにより総務大臣に報告しなければならない場合に該当しないものとして、電波法（第80条）に照らし

て誤っているものを下の1から4のうちから一つ選べ。

1　外国の航空機または船舶が我が国の領空もしくは領海内で無線通信を行っているものを認めたとき。

2　無線局が外国において、あらかじめ総務大臣が告示した以外の運用の制限をされたとき。

3　電波法又は電波法に基づく命令の規定に違反して運用した無線局を認めたとき。

4　遭難通信、緊急通信、安全通信又は非常通信を行ったとき。

問11

無線従事者は、無線通信の業務に従事しているときは、免許証をどのようにしなければならないか。電波法施行規則（第38条）の規定に照らして、正しいものを下の1から4のうちから一つ選べ。

1　主任無線従事者に預けておかなければならない。

2　携帯していなければならない。

3　主たる送信装置のある場所の見やすい箇所に掲げておかなければならない。

4　免許人が管理しなければならない。

問12

次に掲げるもののうち、無線従事者がその免許を取り消されることがある場合に該当するものはどれか。電波法（第79条）の規定に照らし、正しいものを下の1から4のうちから一つ選べ。

1　心身に欠陥があって無線従事者たるに適しない者に該当するに至ったとき。

2　不正な手段により無線局免許状を受けたとき。

3　刑法上の罪を犯し、懲役以上の刑に処されたとき。

4　電波法若しくは電波法に基づく命令又はこれらに基づく処分に違反したとき。

模擬試験　解答・解説

‖ 無線工学 ‖

問題数：24 問　配点：1 問 5 点　満点：120 点（合格点 75 点）

問1　4

1　静止衛星の公転周期は、地球の自転周期と同じ 24 時間です。

2　静止衛星の軌道は赤道上空にあります。

3　春分及び秋分の頃の一定期間、衛星食が発生します。

4　正しい記述です。

（➡ p.127 〜 p.128 参照）

問2　3

1　拡散に用いられる符号として、擬似雑音符号が用いられます。

2　デジタル通信方式に用いられる伝送方式です。

3　正しい記述です。

4　受信時に混入した狭帯域の妨害波は信号処理で圧縮されるため、狭帯域の妨害に強くなります。

（➡ p.13 参照）

問3　4

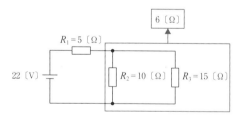

R_2 と R_3 の並列抵抗は、$(10 \times 15) \div (10 + 15) = 6$〔Ω〕と求まるので、$R_1$ との合成抵抗値は $5 + 6 = 11$〔Ω〕です。したがって、22〔V〕の電池から流れ出る電流は、$22 \div 11 = 2$〔A〕と計算することができます。以上より、R_2 と R_3 の並列抵抗の両端に発生する電圧は、$2 \times 6 = 12$〔V〕ですから、R_3 で消費さ

れる電力は、$P = V^2/R$ の式より、$12 \times 12 \div 15 = 9.6$ 〔W〕と求められます。
（➡ p.38 〜 p.41 参照）

問4　2

1　電圧利得ですから、10 倍が＋ 20dB、100 倍が＋ 40dB です。

2　電流利得ですから、1/2 倍が− 6dB、1/10 倍が− 20dB で、これらを組み合わせた 1/20 倍は− 26dB となり、正しい記述です。

3　電力利得ですから、10 倍が＋ 10dB、100 倍が＋ 20dB、1000 倍が＋ 30dB、その半分の 500 倍は 30dB − 3dB で＋ 27dB です。

4　10〔mV/m〕＝ 0.01〔V/m〕ですから、電圧比の真数値は 1/100 です。1/10 が− 20dB、1/100 が− 40dB です。したがって、− 40〔dBV/m〕が正しい値です。

5　100〔μ W〕＝ 0.1〔mW〕ですから、電力比 1/10 です。したがって− 10〔dBm〕です。

（➡ p.91 〜 p.94 参照）

真数（倍数）	1/2	$1/\sqrt{2}$	1	2	3	4	5	10	20	100	1,000
電力利得〔dB〕	− 3	− 1.5	0	3	4.8	6	7	10	13	20	30
電圧利得〔dB〕 電流利得〔dB〕	− 6	− 3	0	6	9.5	12	14	20	26	40	60

問5　4

標本化定理によれば、忠実に再現したいアナログ信号の最高周波数の 2 倍の標本化周波数とする必要があります。したがって、44〔kHz〕で標本化した場合、原理的に 22〔kHz〕が忠実に再現できる最高周波数です。
（➡ p.19 〜 p.20 参照）

問6　3

1 はツェナーダイオード、2 はバラクタダイオード、4 は整流用ダイオード、5 は発光ダイオードの説明です。
（➡ p.105 〜 p.108 参照）

問7 1

横軸を同相軸（I軸）、縦軸を直交軸（Q軸）に取ります。

（➡ p.116 ～ p.119 参照）

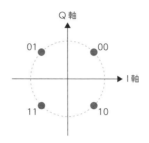

問8 2

乗算器は、受信波と搬送波の掛け算を行う回路です。

（➡ p.122 ～ p.123 参照）

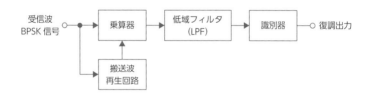

問9 1

周波数ダイバーシティは、二つの異なる周波数を用いて同一の情報を伝送します。
これにより、一方の周波数で伝搬状況が悪化していても、他方の周波数では通信
可能であることが期待できます。

（➡ p.218 ～ p.219 参照）

問10 2

地球上から宇宙局（通信衛星）に向けての送信をアップリンク、宇宙局（通信衛
星）から地球上に向けての送信をダウンリンクと呼んでいます。アップリンクは
高い周波数、ダウンリンクは低い周波数を使用するという記述は正しいです。

（➡ p.133 ～ p.135 参照）

問11　2

電波は1秒間に30万km伝搬します。mで表すと300000000m（= 3×10^8〔m〕）になります。したがって、30〔μs〕の間に、$3 \times 10^8 \times (30 \times 10^{-6})$ = 9000で、9000〔m〕伝搬することになりますが、これは物標までの往復距離になるため、物標までの距離はその半分の4500〔m〕です。

（➡ p.154 ～ p.155 参照）

問12　3

無給電中継方式は、電源が不要な金属製反射板を用い、可視光線における鏡と同じ原理で電波を反射することで中継を行うものです。

（➡ p.144 参照）

問13　3

ドップラーレーダーに使用される周波数帯は、3 ～ 10GHz帯程度のマイクロ波が主流です。

（➡ p.164 参照）

問14　4

図1に示す導波管はE面分岐または直列分岐、図2に示す導波管はH面分岐または並列分岐と呼ばれます。

（➡ p.79 ～ p.80 参照）

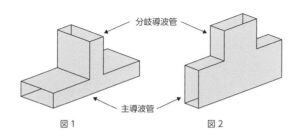

図1　　　　　図2

問 15 3

FDMA 方式はマイクロ波帯でも用いられ、短波帯では通常使われることはありません。

（➡ p.12 参照）

問 16 3

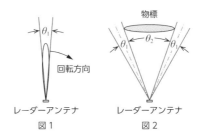

図1　図2

1 ビーム角が小さいと、方位分解能が高くなります。

2 $\theta_2 + 2\theta_1$ です。

3 正しい記述です。

4 送信パルス幅を狭くすると、より近距離の物標も観測することができる反面、実質的な送信電力が小さくなるため遠方の物標反射波のエネルギーも小さくなり、雑音に埋もれて見失いやすくなります。

（➡ p.155 ～ p.156 参照）

問 17 2

特性インピーダンスが異なる同軸ケーブル同士を接続する場合は、間にコンデンサではなくトランスを挿入することでインピーダンス整合を行うことができます。

（➡ p.168 ～ p.170 参照）

問 18 2

1 水平面内の指向性が無指向性です。

2 正しい記述です。

3 主に VHF・UHF 帯用アンテナとして用いられ、マイクロ波には用いられません。

4 多くの素子を積み重ねるほど高利得を得ることができます。

（➡ p.180 〜 p.182 参照）

問19 2

イメージ受信の周波数は、受信周波数から（2×中間周波数）だけ上もしくは下の周波数になります。

（➡ p.151 参照）

問20 4

1 夏季の日中に多く発生しますが、頻度は小さいもののそれ以外の時期や時間帯にも発生することがあります。

2 スポラジック E 層の電子密度は E 層より大きく、高い周波数の電波まで反射します。

3 超短波（VHF）帯の電波を反射することがありますが、極超短波（UHF）帯の電波までは反射しません。

4 正しい記述です。

（➡ p.205 〜 p.206 参照）

問21 4

負荷と直列ではなく、負荷と並列に接続して使用されます。その他は正しい記述です。

（➡ p.229 〜 p.231 参照）

問22 3

大気の屈折率は、地表に近いほど大きくなります。理由としては、地球の重力によって地表に近いほど圧力が高くなり、空気を構成する窒素や酸素などの密度が大きくなることなどが挙げられます。

（➡ p.200 〜 p.201 参照）

問 23 3

±1カウント誤差の説明は正しいですが、これは原理的に取り除くことができない誤差です。なお、TCXOは温度補償型水晶発振器（Temperature Compensated Crystal Oscillator）の略、OCXOは恒温槽型水晶発振器（Oven Controlled Crystal Oscillator）の略で、いずれも極めて正確な周波数を生成する水晶発振回路の一種です。

（➡ p.247 ～ p.248 参照）

問 24 2

分流器を接続した電流計の回路は、2本の抵抗が並列に接続された回路と考えることができます。90〔Ω〕と10〔Ω〕を並列にした場合、2本の抵抗に掛かる電圧は同一ですから、オームの法則により $I = V/R$ の式が適用でき、抵抗に流れる電流は抵抗値の逆比、すなわち1：9になることが分かります。題意より、90〔Ω〕に1〔mA〕が流れている場合には、10〔Ω〕側には9〔mA〕が流れますから、合計電流は1 + 9で10〔mA〕と求まります。

（➡ p.240 参照）

いかがでしたか？本書をよく勉強してきたのであれば、少なくとも6割の合格点はクリアできたはずです。もし間違えた項目や自信がない問題があった人は、その章に戻って復習しておきましょう！

問1　2

「『無線電話』とは、電波を利用して、音声その他の音響を送り、又は受けるための通信設備をいう」と規定されています。

(➡ p.261 参照)

問2　3

無線局を廃止した場合、効力を失うのは無線局免許状であって、無線従事者免許証の効力が失われることはありません。

(➡ p.292 〜 p.293 参照)

問3　3

電波法第74条では、「総務大臣は、地震、台風、洪水、津波、雪害、火災、暴動その他非常の事態が発生し、又は発生するおそれがある場合においては、人命の救助、災害の救援、交通通信の確保又は秩序の維持のために必要な通信を無線局に行わせることができる。」、「総務大臣が前項の規定により無線局に通信を行わせたときは、国は、その通信に要した実費を弁償しなければならない。」と規定されています。

(➡ p.334 参照)

問4　2

電波法第57条では、無線局は、「無線設備の機器の試験又は調整を行うために運用するときと、実験等無線局を運用するときは、なるべく擬似空中線回路を使用しなければならない。」と規定されています。

(➡ p.332 参照)

問5　4

無線従事者は、氏名に変更を生じたとき又は**免許証を汚し、破り、若しくは失った**ために免許証の再交付を受けようとするときは、申請書に加えて、①**免許証**（免許証を失った場合を除く。）、②**写真1枚**、③**氏名の変更の事実を証する書類**（氏名に変更を生じたときに限る。）の書類を添えて総務大臣又は総合通信局長に提出しなければなりません（無線従事者規則第50条より）。

（➡ p.321 参照）

問6　4

無線設備規則第15条において、「移動局（移動するアマチュア局を含む。）の送信装置は、実際上起り得る振動又は衝撃によっても周波数をその許容偏差内に維持するものでなければならない。」と規定されており、**選択肢4は誤りの記述です。**

（➡ p.304 〜 p.305 参照）

問7　4

電波法施行規則第2条のうち、出題に関係がある部分は次のように規定されています。

「平均電力」とは、通常の動作中の送信機から空中線系の給電線に供給される電力であって、変調において用いられる最低周波数の周期に比較してじゅうぶん長い時間（通常、平均の電力が最大である約10分の1秒間）にわたって平均されたものをいう。

「搬送波電力」とは、**変調のない状態**における無線周波数1サイクルの間に送信機から空中線系の給電線に供給される平均の電力をいう。ただし、この定義は、パルス変調の発射には適用しない。

「実効輻射電力」とは、空中線に供給される電力に、与えられた方向における空中線の相対利得を乗じたものをいう。

「等価等方輻射電力」とは、空中線に供給される電力に、与えられた方向における空中線の絶対利得を乗じたものをいう。

よって、**選択肢4が正しい記述です。**

（➡ p.262 〜 p.265 参照）

問8　3

無線局運用規則第22条には、「無線局は、自局の呼出しが他の既に行われている通信に混信を与える旨の通知を受けたときは、直ちにその呼出しを中止しなければならない。無線設備の機器の試験又は調整のための電波の発射についても同様とする。」と規定されています。

(➡ p.332 参照)

問9　3

無線局運用規則第19条の2に、「無線局は、相手局を呼び出そうとするときは、電波を発射する前に、受信機を最良の感度に調整し、自局の発射しようとする電波の周波数その他必要と認める周波数によって聴守し、他の通信に混信を与えないことを確かめなければならない。」と規定されています。

(➡ p.332 参照)

問10　1

電波法80条では、無線局の免許人等が総務省令で定める手続により総務大臣に報告しなければならないこととして、次の3つを掲げています。①遭難通信、緊急通信、安全通信又は非常通信を行ったとき。②電波法又は電波法に基づく命令の規定に違反して運用した無線局を認めたとき。③無線局が外国において、あらかじめ総務大臣が告示した以外の運用の制限をされたとき。

よって、選択肢1が誤りです。

(➡ p.334 〜 p.335 参照)

問11　2

電波法施行規則第38条には、「無線従事者は、その業務に従事しているときは、免許証を携帯していなければならない。」と規定されています。

(➡ p.320 参照)

選択肢 1、2 は、無線従事者がその免許を取り消されることがある場合について
の記述の一部が誤っており、正しくは以下のとおりです。

1 著しく心身に欠陥があって無線従事者たるに適しない者に該当するに至った
   とき（電波法第 79 条より）。

2 不正な手段により無線従事者の免許を受けたとき（電波法第 79 条より）。

また、選択肢 3 は、無線従事者の免許を与えないことができる場合についての記
述の一部が誤っており、正しくは以下のとおりです。

3 電波法第 9 章の罪を犯し、罰金以上の刑に処され、その執行を終わり、又は
   その執行を受けることがなくなった日から 2 年を経過しない者（電波法第 42
   条より）。

よって、選択肢 4 が正しい記述です。

（➡ p.320 〜 p.321 参照）

第一級陸上特殊無線技士は、比較的合格率が高い特殊無線技士の中で、
合格率 30 〜 40％台という群を抜く難易度となっています。したがっ
て、難しいからと勉強をあきらめてしまう人もいるのではないでしょ
うか。

しかし、この資格の国家試験は、過去に出題されたものと同じような
問題が繰り返し出題されています。このような試験の特性を踏まえる
と、過去出題された問題を繰り返し復習するのが最も効果的な勉強法
であることが分かります。試験実施団体の日本無線協会のホームペー
ジには過去 3 回分の試験問題と解答が公表されていますし、著者の
ホームページ（https://kemanai.jp/）においても試験対策に有効な
内容を多く掲載しています。本書と共にこれらも是非活用して、確実
に合格点を取って欲しいと思います。

模擬試験　解答用紙

問題	解答
問 1	1　2　3　4　5
問 2	1　2　3　4　5
問 3	1　2　3　4　5
問 4	1　2　3　4　5
問 5	1　2　3　4　5
問 6	1　2　3　4　5
問 7	1　2　3　4　5
問 8	1　2　3　4　5
問 9	1　2　3　4　5
問 10	1　2　3　4　5
問 11	1　2　3　4　5
問 12	1　2　3　4　5
問 13	1　2　3　4　5
問 14	1　2　3　4　5
問 15	1　2　3　4　5
問 16	1　2　3　4　5
問 17	1　2　3　4　5
問 18	1　2　3　4　5

左欄：無線工学（問1〜問18）

問題	解答
問 19	1　2　3　4　5
問 20	1　2　3　4　5
問 21	1　2　3　4　5
問 22	1　2　3　4　5
問 23	1　2　3　4　5
問 24	1　2　3　4　5
問 1	1　2　3　4　5
問 2	1　2　3　4　5
問 3	1　2　3　4　5
問 4	1　2　3　4　5
問 5	1　2　3　4　5
問 6	1　2　3　4　5
問 7	1　2　3　4　5
問 8	1　2　3　4　5
問 9	1　2　3　4　5
問 10	1　2　3　4　5
問 11	1　2　3　4　5
問 12	1　2　3　4　5

右欄：無線工学（問19〜問24）、法規（問1〜問12）

さくいん

さくいん

381

さくいん

383

本書に関する正誤情報等は、下記のアドレスでご確認ください。
http://www.s-henshu.info/1rtmgt2212/

上記掲載以外の箇所で正誤についてお気づきの場合は、**書名・発行日・質問事項**（**該当ページ・行数・問題番号**などと**誤りだと思う理由**）・**氏名・連絡先**を明記のうえ、お問い合わせください。
・Webからのお問い合わせ：上記アドレス内【正誤情報】へ
・郵便またはFAXでのお問い合わせ：下記住所またはFAX番号へ
※**電話でのお問い合わせはお受けできません。**

[宛先] コンデックス情報研究所
『いちばんわかりやすい！第一級陸上特殊無線技士合格テキスト』係
住　　所：〒359-0042　所沢市並木3-1-9
FAX番号：04-2995-4362　（10:00〜17:00　土日祝日を除く）

※**本書の正誤以外に関するご質問にはお答えいたしかねます。**また、受験指導などは行っておりません。
※ご質問の受付期限は、各試験日の10日前必着といたします。ご了承ください。
※回答日時の指定はできません。また、ご質問の内容によっては回答まで10日前後お時間を頂く場合があります。
　あらかじめご了承ください。

著　　者：毛馬内　洋典（けまない　ひろのり）
有限会社 KHz-NET 代表取締役社長。1974年東京都中野区生まれ。電気通信大学大学院修了。専門は電気通信工学、電気工学。第一級総合無線通信士、第一級陸上無線技術士、電気通信主任技術者などの電気通信系資格ほか、電気主任技術者（電験）、消防設備士全類など、取得した国家資格数は70に及ぶ。現在、高等学校講師、都立職業能力開発センター講師のほか、技術系資格試験講座の講師、技術系書籍の執筆など幅広い分野で活躍中。　kema's Homepage　https://kemanai.jp/

編　　者：コンデックス情報研究所
1990年6月設立。法律・福祉・技術・教育分野において、書籍の企画・執筆・編集、大学および通信教育機関との共同教材開発を行っている研究者・実務家・編集者のグループ。

イラスト：岡田　行生（おかだ　いくお）、ひらのんさ

いちばんわかりやすい！第一級陸上特殊無線技士合格テキスト

2023年3月20日発行

著　　者　毛馬内洋典

編　　者　コンデックス情報研究所

発行者　深見公子

発行所　成美堂出版
　　　　〒162-8445　東京都新宿区新小川町1-7
　　　　電話(03)5206-8151　FAX(03)5206-8159

印　刷　大盛印刷株式会社